Klaus Rohrbach

Alfred Wegener

Alfred Wegener.

Klaus Rohrbach

Alfred Wegener

Erforscher der wandernden Kontinente

Verlag Freies Geistesleben

Die Deutsche Bibliothek – CIP-Einheitsaufnahme

Rohrbach, Klaus:
Alfred Wegener: Erforscher der wandernden Kontinente /
Klaus Rohrbach. – Stuttgart: Verlag Freies Geistesleben, 1993

ISBN 3-7725-1103-1

Einband: Walter Schneider. Umschlagfotos: Alfred Wegener 1930
und die Silhouette der Station «Eismitte»

Druck: Offizin Chr. Scheuffele, Stuttgart

Vor jedem steht ein Bild
Des', was er werden soll.
Solang' er das nicht ist,
Ist nicht sein Friede voll.

Friedrich Rückert

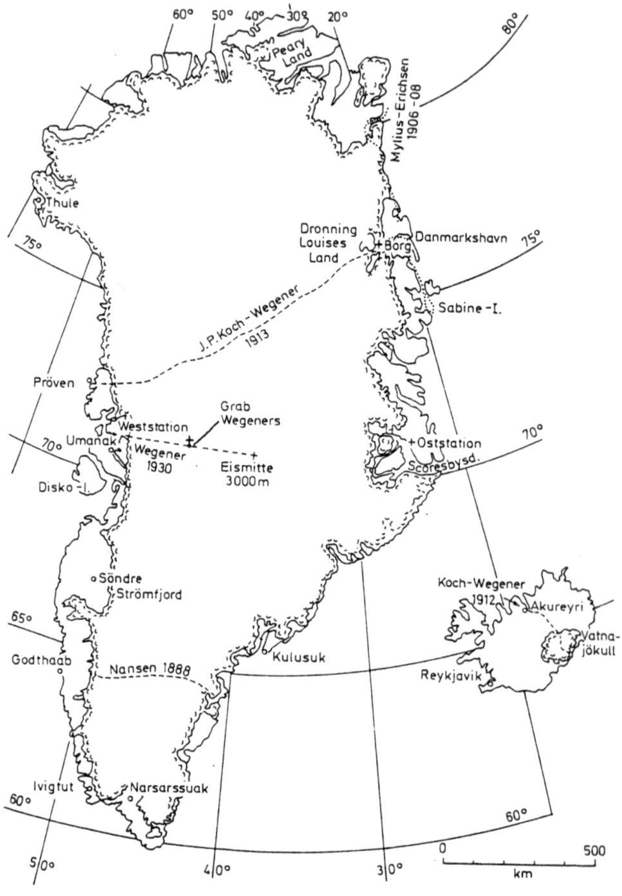

Die Expeditionsrouten auf Grönland.
Nach Martin Schwarzbach (1980) – leicht bearbeitet.

Inhalt

Vorwort

«Der bedeutende Mensch
ist ein Mensch,
an dem viele andre
sich klar werden.»
Christian Morgenstern

Zu seinen Lebzeiten galt er als berühmter Polarforscher und außerordentlich begabter Wissenschaftler. Seine revolutionäre Theorie allerdings, die man heute unmittelbar mit seinem Namen verbindet, blieb bis an sein Lebensende umstritten und stand oft unter schärfster Kritik, die dem «Außenseiter» auf geologischem Gebiet entgegenschlug.

Mit der «Kontinentalverschiebungstheorie» begründete Alfred Wegener 1912 seinen dauerhaften Ruhm, und selten hat ein Gedanke die Erdwissenschaften so nachhaltig angeregt und beeinflußt wie diese Hypothese, daß nämlich die Festländer gar nicht so starr und fest sind, wie man allgemein glaubte, sondern über große Zeiträume hinweg langsam wandern.

Wenn auch die allermeisten Forscher seine Lehre anzweifelten – bis hin zu persönlicher Beleidigung und Verachtung: Wegener selbst blieb unerschütterlich in seiner Überzeugung. Zwei Jahrzehnte arbeitete er an der steten Verbesserung seiner Theorie. Ihm ging es nicht um Ruhm oder darum, recht zu haben, ihm ging es allein um die Wahrheit. Sie setzte sich jedoch erst viele Jahre nach seinem Tod durch.

Dabei waren seine Arbeitsgebiete viel weiter gesteckt als gemeinhin bekannt. Sein unablässiger Drang nach umfassender Naturerkenntnis und seine bewundernswürdige Tatkraft richteten sich unter anderem auf die Sternenwelt, Mondkrater, Meteoriten, die Erdatmosphäre und ihren Aufbau, das arktische Eis, auf Gletscher und Schnee, auf Wetterbeobachtungen, Windhosen, Nebensonnen, die Klimate der Vorzeit, die Erdkruste und ihre Entstehung – schier unerschöpflich war sein Forscherinteresse. Und nach längeren Zeiten am Schreibtisch oder im Hörsaal trieb es ihn immer wieder hinaus: Ballonaufstiege, Drachenflüge, Reisen und gefahrvolle Expeditionen ins ewige Eis …

Dies alles fiel ihm nicht von allein zu. Sein oft beschriebenes freundliches Wesen hatte mannigfaltige Notzeiten durchzustehen und verletzende Angriffe zu erdulden. Dank seiner großen menschlichen Qualitäten hielt er dem stand und erkannte solche Krisen als notwendige Schritte einer allgemeinen Entwicklung. Sein feiner Humor half ihm dabei.

1.

Erste Wegmarken

Berliner Steppkes

Die Tür schnappte ins Schloß. Da stand er und blickte entschuldigend herüber. Abgetretene, lehmige Schuhe; Kniestrümpfe, einer verrutscht; kurze Hosen, am linken Knie die schon verschorfte Schramme. Eine fest gewirkte Jacke aus englischem Garn, die Schiebermütze in der Stirn, nein – jetzt zwischen den Händen. Da stand Alfred also – fast noch pünktlich.

«Tach, alle zusammen! Kurt kommt gleich. Er mußte mal eben noch ...»

«Guten Tag, mein Junge», verbesserte seine Mutter. Anna Wegener mußte lächeln, wenn sie ihn so da stehen sah. Mit den Augen lächelte sie, der schmale Mund sagte allerdings streng, ein wenig zumindest: «Er mußte was mal eben noch?»

Die Tür flog auf. «Bin schon da!» stürmte Kurt herein. Lange Beine, hager die Gestalt, wach blickende Augen. «Die olle Tram hat mir uffjehalten, und da ...»

«‹Mich› heißt das: ‹mich aufgehalten›», unterbrach ihn Anna Wegener. «Kinder, berlinert nicht! Ihr wißt, wie sehr Vater das haßt. Und ich mag es auch nicht!»

«Och, det bisken ...» Ein kurzer Blick. «Ja, ja – schon gut», lenkte Alfred schnell ein.

Tony, ihre ältere Schwester, betrat das Zimmer. «Na, ihr!» meinte sie.

«Na, du!» antworteten beide im Chor.

«Reichlich spät seid ihr wieder einmal, was?» Sie kräuselte die Nase.

«Na, aber klar doch, Schwester», grinsten die Jungen.
Über die etwas herben, streng geformten Züge des schwesterlichen Gesichts breitete sich endlich ein Lachen. Die beiden Brüder knufften sie in die Seite, bis sie protestierend floh.
Einige Zeit später, die verschmutzten Schuhe waren in der Diele ordnungsgemäß abgestellt worden, fragte Alfred seine Mutter leise: «Du, sag mal, stimmt das wirklich, was Vater neulich erzählt hat?»
Die Mutter blickte ihn fragend an.
«Na, du weißt schon. Über den ... das über den Uronkel.»
«Den Urgroßonkel meinst du? – Ja, sicher doch, das stimmt schon. Der Wilhelm kannte bedeutende Leute damals.»
Alfred sinnierte. Dann sagte er langsam: «Also Wilhelm Wegener, so hieß er?»
«Wilhelm Gabriel genaugenommen, aber der zweite Vorname war nicht gebräuchlich. Er klang wohl zu auffällig.»
«Und wann war das, als er den berühmten Forscher kannte?» Alfred ließ nicht locker.
«Nun, was heißt schon berühmt. Berühmt war der ja damals noch nicht. Aber er sollte später berühmt werden, der Alexander von Humboldt, so wie sein Bruder Wilhelm. Und unser Wilhelm Wegener und der Alexander von Humboldt, die waren damals Freunde, als Studenten in Frankfurt, an der Universität. Später war das dann wohl nicht mehr so sehr der Fall. Wilhelm wurde ja Pastor ...»
«Was hat er denn erforscht?» fragte Kurt, jetzt auch neugierig.
«Der Alexander von Humboldt? – Ach, sehr vieles ... Eigentlich die ganze Welt.»
«Die ganze Welt?» staunten beide.
«Na ja, nicht die ganze natürlich. Aber einen großen Teil. Südamerika, die Berge, Mexiko, den Norden, später auch Rußland, glaube ich, den Ural, ja, bis China sogar. – Er wurde übrigens auch in Berlin geboren, so wie ihr!»
«Wie wir, tatsächlich.» Alfred rieb sich gedankenverloren die

Nase. «Und mit dem war unser – wie sagtest du – Urgroßonkel befreundet?»
Die Mutter nickte lächelnd.
«Sehr befreundet?» wollte Kurt wissen. Er war zwei Jahre älter als Alfred.
«Ich denke schon», antwortete sie. «Wartet einmal, es gibt da Briefe von ihm.» Sie stand auf und ging zum großen Schrank neben dem Fenster. «Wo sind sie nur?» Sie kramte in den unteren Fächern.
«Die Briefe gibt es gesammelt in einem älteren Buch. Und auch Erinnerungen, von eigener Hand geschrieben über die Zeit damals. Ein Erbstück ... hier ist es, das Buch. Und hier, seht, das sind seine Erinnerungen.» Sie zog eine alte Mappe hervor.
«Schaut einmal her.» Sie blätterte in den alten Seiten. «Hier sind einige Briefe von Alexander von Humboldt wiedergegeben. Er schreibt da an ...» Sie murmelte einige Zeilen, dann deutlicher: *«... mir der vorige Winter vorübergeeilt, wie lang wird mir dieser! Gott, wie fröhlich haben wir bei Deinem alten, zerrissenen Stuhle am Ofen so manche Stunde fröhlich verplaudert!* Ja, das hat er geschrieben; und dann noch: *Kein Tag verging, wo wir uns nicht ein- oder zweimal sahen. Wie ist jetzt schon alles zerschlagen, wo sind unsere alten Freunde!* Das sind die handgeschriebenen Erinnerungen des Urgroßonkels. Wartet einmal, da schreibt er doch ... Moment – hier steht es: *Der jüngere Alexander schloß sich an mich mit treuer Höflichkeit und Wärme, wie sie mir noch niemand bewiesen hatte. Fast nur mit mir ging er um und brachte viele Stunden neben mir zu. Er ist mir ein auch als Freund sehr schätzbarer Mensch.»*
Sie blätterte weiter. Die alten Seiten raschelten. Es staubte ein wenig.
Als Dr. Richard Wegener später nach Hause kam, sah er seine beiden Söhne inmitten zahlreicher aufgeschlagener Bücher und Landkarten sitzen. Er nahm kurz seine Brille ab, strich sich mit der breiten Hand über das grauweiße Haar und zupfte

vorsichtig an seinem Kinnbart. Mit prüfendem Blick beobachtete er, wie Kurt etwas aus einem Buch vorlas und Alfred mit dem Zeigefinger den Globus abtastete, den er auf dem Schoß hielt. Kurt sagte gerade: «Und dann bereiste er den Ural, und dann ging es weiter bis zur Grenze Chinas.»
«Schau», zeigte Alfred, «bis dahin kam er.» Er drehte die Erdkugel langsam weiter. «Er ist immer weiter nördlich gezogen. Die Polargebiete hat er aber nicht erreicht, oder?»
Kurt blickte auf. «Nein, ich kann hier nichts dazu finden. Mal sehen ...»

Als Alfred Lothar Wegener am 1. November 1880 geboren wurde, wanderte die Sonne auf ihrer jährlichen Bahn gerade von einem Tierkreisbild in das folgende, von der «Jungfrau» zur «Waage». Nach jener alten Einteilung des Tierkreises in schematische 30-Grad-Abschnitte würde man dieses Geburtsdatum üblicherweise dem Sternzeichen «Skorpion» zuordnen. Seit der Zeitenwende vor rund 2000 Jahren, als Sternzeichen und reales Bild am Sternenhimmel weitgehend identisch waren, rückte der Tierkreis jedoch etwa ein ganzes Sternzeichen weiter.
Die Planeten standen damals – Anfang November 1880 – in einer bemerkenswerten Stellung: Sehr nah beieinander zogen Mars, Sonne, Merkur und Venus ihre Bahnen, und genau gegenüber, auf der anderen Seite des Himmelsglobus, wanderten Jupiter, Saturn, Neptun und Pluto (der damals noch nicht entdeckt war). Wie die astrologischen Gelehrten diese Konstellation wohl deuten mochten?

Alfred Wegener wurde in Berlin geboren, als jüngstes von fünf Kindern des Theologen, Altphilologen und Lehrers für alte Sprachen Dr. Richard Wegener und seiner Ehefrau Anna Wegener, geborene Schwarz. Zwei Kinder starben schon sehr früh. Alfreds Bruder Kurt war zwei Jahre älter als er, und dann gab es noch die ältere Schwester Tony.
Das Geburtshaus von Alfred Wegener stand am südlichen

1

2

Abb. 1: Der Vater Richard Wegener, Dr. phil. (1843 – 1917), Pastor und Altphilologe.

Abb. 2: Die Mutter Anna Wegener geb. Schwarz (1847 – 1919).

Abb. 3: Das Schindlersche Waisenhaus in Berlin-Mitte, Friedrichsgracht 57, um 1910.

3

der beiden Spreearme, in der Friedrichsgracht 57. Es war das Schindlersche Waisenhaus, ein zweigeschossiger Barockbau mit vorgesetzten Säulen, in dem von einer privaten Stiftung die verwaisten Söhne ehrenwerter Bürger – von Beamten, Pastoren, Lehrern, Handwerkern, Kaufleuten und Ärzten – erzogen wurden. Die meisten Jungen waren gleichzeitig Schüler des nahegelegenen Gymnasiums zum Grauen Kloster. Seit Oktober 1875 leitete Dr. Wegener als Direktor dieses Heim. Vieles war zu tun gewesen. So hatte er den Umbau eines Gebäudeteils in einen Turnsaal geplant und einen Speisesaal eingerichtet. Der Heimleitung widmete er sich bis 1904. Nebenbei unterrichtete er alte Sprachen – also Griechisch und Latein – am Gymnasium zum Grauen Kloster.

Alfred und Kurt besuchten jedoch nicht dieselbe Schule wie die anderen Jungen, sondern das weiter entfernt liegende Köllnische Gymnasium. «Damit es nicht die geringste Möglichkeit einer Bevorzugung gibt», hatte ihr Vater ihnen seinerzeit, als es um die Entscheidung ging, kategorisch erklärt.

Frau Wegener betreute in all den Jahren den gesamten Haushalt des Heims, kochte täglich für alle und wusch die Wäsche. Wer Sorgen oder Probleme hatte, konnte damit jederzeit zu ihr kommen. Sie hatte die seltene Fähigkeit, intensiv zuhören zu können, und oft hielt sie einen hilfreichen Rat bereit.

«Wieviele Kinder seid ihr denn zu Hause?» fragte jemand Alfred einmal unvorsichtigerweise.

«Na, 33 sind wir!»

«Was denn? – Aber das kann doch ... Das geht doch gar nicht ...»

«Wieso denn nicht? Wir drei Wegeners, und dann noch die 30 Waisenkinder vom Heim. Macht doch 33, oder?»

Wenn Alfred aus der Tür trat und die schmale Straße überquerte, konnte er über das eiserne Geländer gelehnt direkt in die Spree spucken. Es gefiel ihm gut, daß er mit richtigem Spreewasser getauft worden war, wie man so sagte.

Berlin war wunderbar. Einerseits.

Die riesige Stadt konnte aber auch drückend sein. Bedrückend. Manchmal stand Alfred am Geländer der Gracht, starrte verloren ins Wasser, träumte, zweifelte ... Dann lief er mitunter ganz schnell weg, einfach die Straße entlang, lief und lief, immer weiter, bis er nicht mehr konnte.

Oft zog es ihn und seinen Bruder in den neu gebauten Turnsaal des Waisenhauses. Dort trieben sie begeistert Sport. Ein älterer Junge des Waisenhauses spielte dabei für Alfred eine besondere Rolle, denn er war ein ausgezeichneter Sportler. Als solcher wurde er bald Alfreds bewundertes Vorbild, und ihm eiferte er unermüdlich nach.

Wenn die Zeit es zuließ, unternahmen Kurt und Alfred lange Wanderungen in der Umgebung Berlins. Je mehr sie dabei die Grenzen ihrer Kraft spürten, desto glücklicher waren sie. Im Winter, wenn die Spree zugefroren war, nutzten sie natürlich jede freie Minute zum Schlittschuhlaufen, wie alle Kinder in der Stadt. Alles machten sie gemeinsam, die beiden Unzertrennlichen, wie sie bald genannt wurden. Aber das war immer erst nach den leidigen Schularbeiten möglich.

«Ihr habt doch eure Aufgaben erledigt?»

«Na ja, wie man's nimmt.»

«Laßt einmal sehen!»

Der Vater paßte stets auf und achtete äußerst streng darauf, daß alles sorgfältig gemacht wurde. Sogar in den Ferien mußte täglich eine Stunde lang gelernt werden.

Andererseits unterstützte Dr. Wegener die sportliche Begeisterung seiner beiden Söhne ohne Vorbehalt, was damals gar nicht so selbstverständlich war. Das Schwimmen hatte er ihnen sogar selbst beigebracht; und als sie sich auch mit ihren Kleidern über Wasser halten konnten, falls sie einmal kentern sollten, erlaubte er ihnen lange Bootsfahrten, später sogar für Tage.

Als Alfred sechs Jahre alt war, sollte sich sein Gesichtskreis nachhaltig erweitern. Die Familie wollte der Großstadt – zumindest zeitweise – entfliehen.

Anna Wegener sagte zu ihrem Mann: «Unsere kleine Tochter ist gestorben, als sie kaum fünf Jahre alt war. Du weißt das. Und ich möchte kein weiteres Kind verlieren. Schau dir an, wie blaß die Jungen und Tony sind. Das macht die Großstadtluft!»
Ihr Mann zog an der Zigarre, die er gerade anbrannte, und sah seine Frau prüfend an. Schön ist sie, dachte er bei sich, immer noch, und er fing den besorgten Blick aus ihren großen blauen Augen in dem schmalen, von dunklem Haar umrahmten Gesicht auf. Er lächelte beruhigend. Dann sagte er: «Ich habe darüber nachgedacht. Und ich habe Erkundigungen eingeholt. Es ist natürlich längst noch nicht, nun, wie soll man sagen, spruchreif, aber wenn wir umsichtig verhandeln, könnte sogar das Geld reichen. Hm ... ich möchte Zechliner-Hütte kaufen.»
Ihr stockte der Atem. Zechliner-Hütte! Ihr Geburtshaus! Natur und frische Luft, als Ferienhaus gleichsam ... «Es läßt sich tatsächlich kaufen?»
Dr. Wegener nickte.
«Das ...», stammelte sie, «das – ist einfach großartig, Richard!»
Als sie ihm um den Hals fiel, brannte ihr seine Zigarre ein kleines schwelendes Loch in die Schürze. Aber das war ihr gleich ...

1886 kaufte Dr. Wegener schließlich das alte Direktorenhaus der längst stillgelegten Glashütte in Zechlinerhütte bei Rheinsberg, nördlich von Berlin. Ein umliegender Park und einige Wiesen gehörten dazu. Hier war seine Frau geboren worden; sie kam aber schon bald zu Verwandten in Wittstock, von denen sie erzogen wurde, nachdem ihre Eltern früh gestorben waren. Mit einiger Mühe gelang es Dr. Wegener auch, einige der alten Mahagonimöbel zurückzukaufen, die den Eltern gehört hatten, aber nun in der Umgebung verstreut waren.
In den Ferien fuhr die Familie ab jetzt in die «Hütte», wie sie das alte Haus nannten.
Wenn sie mit dem Stellwagen zum Stettiner Bahnhof fuhren, schienen ihnen die Räder zu singen: «Es geht zu der Hütte! Es

geht zu der Hütte!» Da die Eisenbahnverbindung nicht bis nach Rheinsberg ausgebaut war, mußten die Eltern wegen des Gepäcks ein Stück der Strecke mit einem Wagen fahren. Die Kinder jedoch liefen die restlichen 20 Kilometer jedesmal zu Fuß durch die Wälder. So kamen sie schneller ans Ziel.
Die beiden Brüder erforschten gemeinsam auf langen Wanderungen die von den Eiszeiten geformte Landschaft um Zechlinerhütte herum, die Wälder und die Seen. Alfred sammelte Unmengen von Gestein; oft mußte er dann einen Großteil wegwerfen, da der Platz zum Aufheben im Haus natürlich begrenzt war. Er fing auch zahlreiche Insekten und präparierte sie fachmännisch. Was erforscht und erwandert war, wurde in Karten sorgfältig notiert.

Seit Stunden schon lag Alfred im Gebüsch versteckt, am finsteren See, und belauschte einen Dachs vor seinem Bau.
Morgen würden sie endlich die nächste Bootsfahrt unternehmen können, mehrere Tage lang. Aber die Organisation und Planung würde er doch noch genauer als bei der letzten Fahrt durchdenken und im Tagebuch notieren müssen. Er blätterte geschäftig in einer der Kladden. An manche Beobachtung konnte er sich gar nicht mehr genau erinnern. Mitunter fehlten auch wichtige Hinweise. Wozu gehörte das nun wieder? Ich sollte noch mehr kleine Skizzen einfügen, dachte er. Dann studierte er noch einmal die Auswertung am Schluß seiner Beschreibungen und Beobachtungen. Das gab ihm manche neue Anregung zur Planung der nächsten Fahrt. Aber vieles mußte er noch mit Kurt besprechen, das war klar, gleich nachher, unbedingt.
Er ging hinüber zum Terrarium und fütterte die Tiere darin. Sie waren recht zutraulich. Mein Gott, hatte das ein Theater gegeben, als er das erste Mal von dem Terrarium gesprochen hatte, das er sich so sehr gewünscht hatte. Was für ein Kampf war da nötig gewesen. Aber jetzt war es da! Die Eltern selbst kamen ab

und zu und beobachteten die Blindschleiche und die Frösche und all die anderen Tiere. Nur die Spinnen mochten sie nicht. Auch mit den Raupen, aus denen er sich Schmetterlinge zog, konnten sich seine Eltern nicht so schnell anfreunden. Er hielt die Larven in Schachteln, bis sie sich verpuppten. Und dann kamen sie in seine Sammlung.

Dr. Richard Wegener legte die breiten Hände zusammen. «Ach, Anna ...», seufzte er. «Weißt du, ich hatte immer gehofft, daß die beiden Jungs sich mehr für die alten Sprachen interessieren würden, das Griechische und das schöne Latein, oder für die Geschichte. Statt dessen nur ein Gedanke: diese Naturwissenschaften. Damit kann ich nichts anfangen. Keiner aus unserer Familie kann das.» Er preßte die Lippen zusammen.

Beide mußten an ihren Sohn Wilhelm denken. Er hatte die Interessen des Vaters geteilt und damit begonnen, mit ihm griechische Tragödien zu lesen und Hebräisch zu lernen. Mit 18 Jahren war Wilhelm dann an einer Blinddarmentzündung gestorben, die man nicht rechtzeitig erkannt hatte.

Anna Wegener blickte ihren Mann tröstend und zugleich schalkhaft an. «Sie lieben eben die Chemie und die Physik – gerade so wie du deine alten Griechen und Römer.»

«Ich weiß ja, ich weiß. Und ich zwinge sie auch nicht. Dennoch, es wäre schön. – Jetzt hocken sie sicher wieder in der Kammer und basteln.»

Er selbst hatte ihnen den Raum neben der Waschküche für ihre Experimente überlassen und mit dem Notwendigsten ausgestattet.

«Oder sie bringen sich um mit dieser unmöglichen Elektrisiermaschine», ergänzte er.

«Und von wem haben sie die bekommen?» fragte ihn seine Frau auffallend sanft.

«Ja, ja doch, ich weiß ja!» stöhnte er. «Von mir altem Esel natürlich. Auch das Chemiebuch hätte ich ihnen nicht kaufen sollen.

Das war sicherlich ein Fehler. Sie werden noch ihr ganzes Taschengeld in die Luft sprengen.»
Und als hätte nur jemand auf das Stichwort gewartet, hörten sie einen mächtigen dumpfen Knall und dann ein klägliches Scheppern. Und ein endloses gackerndes Lachen ...
Sie stürzten zur Kammer hinunter, aus der es schon verdächtig qualmte. Da flog die Tür auf, einige Jungen kamen, sich die Augen reibend, herausgewankt. Drinnen war alles eine einzige undurchdringliche Rauchwolke.
«Das kokelt nur ein bißchen. Kein Grund zur Beunruhigung.» Alfred, mit einem schmutzigen Tuch wedelnd, und Kurt, mit einer langen Zange, tauchten im Türrahmen auf. Mit zwar verrußten, aber glücklich strahlenden Gesichtern.
«Es hat geklappt! – Schaut's euch nur an.»

Wie damals allgemein üblich, bot das Gymnasium in den naturwissenschaftlichen Fächern ausgesprochen wenig Unterricht. Die alten Sprachen, eben Griechisch und Latein, dann Deutsch, Geschichte, Religion – das waren die wichtigen Fächer. Naturkunde, Physik und Chemie führten ein klägliches Schattendasein. Deshalb ging Alfred auch äußerst ungern zur Schule. Was ihm fehlte, holte er sich auf anderem Wege zu Hause selbst. Durch ihre zahlreichen Unternehmungen und die ständige Bewegung im Freien waren beide Jungen außerordentlich durchtrainiert, sehr kräftig in den Gliedern und ausdauernd. Diese Fähigkeit sollte später die unabdingbare Voraussetzung für die gewaltigen Strapazen auf ihren Forschungsreisen sein. Hinzu kamen die ständige exakte Schulung der Beobachtung und das naturwissenschaftliche Denken, das sie unermüdlich übten.
Manche Anregung bot in diesem Bereich dennoch die Schule. Alfred ließ sich zum Beispiel von seinem Physiklehrer für die Sternenwelt begeistern. Viele Abende verbrachte er mit ihm hinter dem Fernrohr auf dem Dach und betrachtete die schimmernden Punkte.

Allmählich formte sich in ihm auch ein Berufswunsch. Sein Vater meinte allerdings, daß Alfred Lehrer werden solle. Den gleichen Wunsch hegte er für Kurt. Der besuchte jedoch nach der Schulzeit zuerst die Technische Hochschule und studierte dann die noch junge Wissenschaft der Meteorologie, die Klima- und Wetterkunde also.

Und sein Bruder?

Studienjahre

Im Herbst 1899 verließ der jetzt achtzehnjährige Alfred als Bester seines Jahrgangs die Schule. Am 13. Oktober, kurz vor seinem 19. Geburtstag, stand er unschlüssig im langen Flur des alten Gebäudes der Friedrich-Wilhelm-Universität zu Berlin, das man ihm beschrieben hatte, als er fragte, wo man sich immatrikulieren lassen könne. Es roch nach Bohnerwachs und altehrwürdiger Wissenschaft. Er schaute sich suchend um. Am Ende des Flures sah er einige junge Männer, auch ihre Blicke ein wenig unsicher. Alfred trat näher.

«Na, wollen Sie sich auch einschreiben lassen?»

Er drehte sich nach der forsch klingenden Stimme um. Vor ihm stand ein kugelrunder, gemütlicher Bär mit breitem Grinsen. Auf dem schon etwas kahl wirkenden Kopf trug er die farbige Mütze einer studentischen Verbindung, keck in die Stirn geschoben. Der Bursche beugte sich vertraulich vor, tippte an seine Nase und meinte verschmitzt: «Nach getaner Arbeit hier könnten wir uns doch erst einmal ein Bier gönnen, Kräfte sammeln ...» Und er lachte dröhnend.

Alfred und die anderen lächelten unsicher zurück.

Eine halbe Stunde später – so lange mußte er noch warten – betrat Alfred das Büro und ließ sich für die von ihm gewünschten Studienfächer einschreiben: Astronomie und Meteorologie.

Das erste Semester studierte er also in Berlin und wohnte bei seinen Eltern. Doch bald schon beschloß er, die Universität, wenigstens für eine gewisse Zeit, zu wechseln. Seine Wahl fiel auf Heidelberg und die Ruprecht-Karls-Universität.

Die Bahnfahrt nach Heidelberg kam ihm ungewöhnlich lang vor. Alfred Wegener fielen immer wieder die Augen zu, er döste ein wenig vor sich hin. Der Zug war unerwartet voll, und er hatte nur mit Mühe einen Sitzplatz finden können.

Die Räder ratterten rhythmisch.

Als Kinder hatten sie immer gelauscht, welches Lied der Zug sang. Und auch jetzt schien es ihm, als murmelten die Räder etwas. «Der Freiheit ... entgegen. Der Freiheit ... entgegen.» Alfred blinzelte, atmete einmal tief durch und lächelte. Ach ja, fort von zu Hause. Alleine und frei. Selbst den Tag bestimmen. Das würde nun möglich sein in Heidelberg. Es ist nicht gut, nur an einer einzigen Hochschule zu studieren, damit hatte er die Eltern überzeugen können. Der Enge entfliehen, der strengen Zucht, dem schützenden Elternhaus.

Wenn er nur schon ein Zimmer hätte! Morgen dann die Einschreibung an der neuen Universität. Noch kannte er dort niemanden, in der fremden Stadt.

In Heidelberg suchte er sich als erstes ein kleines möbliertes Zimmer. Er fand es rasch in der Heinrich-Ingrimm-Straße 5, eine richtige Studentenbude.

Hier verlebte er seine «tolle» Zeit, eine zwar kurze, aber recht wilde Sturm und Drang-Periode. Zwar belegte er ordnungsgemäß einige Vorlesungen an der Universität, aber intensiv studiert hat er in diesem Semester wohl nicht. Er genoß vielmehr das ungebundene, freie Studentenleben.

So wurde er bald Mitglied einer farbentragenden Verbindung und ließ sich mehr auf dem Fechtboden und beim Biertrinken als im Kolleg blicken. Nicht ein einziges Mal nahm er – immerhin war er angehender Astronom – sich die Zeit, die Sternwarte auf dem Königsstuhl zu besuchen und das Firmament zu beobachten!

Er hatte eben sehr viel anderes zu tun ...

«Huh – hehe», brüllte der Lange und stieß mit enormem Getöse die Tür hinter sich zu, einen verzagten Alfred vor sich herschubsend. «Nun aber mal hergehört, meine Herren Studiosi! Da haben wir ihn, den … Verbrecher!»
Die vier Studenten in der heimeligen Bude waren erschrocken aufgesprungen, nur der gemütliche Dicke nicht, der sich schon am frühen Vormittag leicht träumend an einem halbgeleerten Bierkrug festhielt.
Der Lange griente breit, legte den Zeigefinger auf die Lippen und säuselte: «Schaut nur her, wie er fällig ist.» Und dann brüllte er laut: «Straffällig nämlich!!! Probe bestanden!»
Ein etwas klein geratener Student mit einem auffälligen Pickel an der Nase war ein wenig langsam. «Hat er … hat er was ausgefressen?»
«Na, und ob! Ein so dickes Ei. Und die Pickelhauben haben ihn auch prompt an den Hammelbeinen gekriegt.»
«An den Hammelbeinen …?» Der Kleine brauchte etwas Zeit. «Der? Der Wegener?»
«Klar doch: der Wegener!» Der Lange schlug Alfred mit freundlicher Wucht auf die Schulter. Der verzog gespielt schmerzverzerrt das Gesicht und grabbelte aufgeregt an seiner Mütze herum. Rote Ohren hatte er schon.
«Der Wegener!?» juchzte der Hagere mit dem schrecklichen gestreiften Schlips aus seiner Ecke.
«Ach so, der Wegener!» gackerte sein Freund, dessen Blässe im Gesicht auf den ersten Blick angsterregend wirkte, für ihn aber normal war.
«Also ein ganz Ver-Wegener ist das ja!» kalauerte der Dicke und verschwand in seinem Bierkrug.
«Jawohl doch. Schaut her.» Der Lange schaltete übergangslos um auf fröhlich karikierendes Pathos. «Eine höchstamtliche Anzeige ist ihm zugestellt worden.»
Alfred glühte mittlerweile, und ein gleichgültiges Schulterzucken mißlang.

«Und zwar schwarz auf weiß!» erklärte der Lange weiter.
«Sogar das?» ertönte es aus der Ecke.
«Vorlesen! Vorlesen!» sang einer.
«Vorlesen! Vorlesen! Vorlesen!» skandierte die ganze Meute und amüsierte sich prächtig.
«Wer den Schaden hat ...» begann der Kleine, der langsam verstand.
«... spottet jeder Beschreibung!» ergänzte der Dicke geruhsam nach einem tiefen Schluck.
«Mensch! Nun erzähl mal.» Der Schlips stieß Alfred freundschaftlich in die Seite. «Laß dich von dem ungebildeten Pöbel da nicht beeindrucken.»
«Höhö, der Herr», quengelte es gleich los, «ist wohl was Besseres jetzt, seit er die höhere Tochter des Offiziers mit dem von vorne dran verehrt, was?»
Der Streifenschlips wäre beinahe etwas rot geworden, kriegte aber gerade noch die Kurve. «Wer hat, der hat!» brummte er herausfordernd, erntete aber nur schelmisches Gelächter.
«Vorlesen! Vorlesen!» johlten nun der Blasse und der Kleine in seltener Eintracht und hakten sich schunkelnd unter.
«Na, nun mach schon», ermunterte auch der Lange Alfred.
Der kramte etwas umständlich in seiner Jackentasche herum. «Ich glaube, ich hab's verloren ...» Er hob bedauernd die Hände.
«Gilt nicht! Gilt nicht!» schunkelten der Blasse und der Kleine. «Das kostet sonst ein Faß, juchhe!»
«Na denn.» Alfred zog das Papier heraus, betont umständlich, und strich es glatt. Dann hielt er es weit weg mit gestrecktem Arm, dann sehr nah an das rechte Auge. «Ich glaube, ich brauche eine Brille.» Er blies die Backen auf.
Der Lange zupfte ihm das Papier aus der Hand. «Dann laß mich mal. Das muß man richtig betonen. Sind ja keine Börsenkurse.»
Alfred nickte; er fühlte sich pudelwohl in all der warmen, ruppigen Herzlichkeit.
«Also, alle mal herhören!» Der Lange räusperte sich theatra-

lisch. «Wir vernehmen jetzt des höchstrichterlichen Gesetzes Wort aus diesem Dokumente.»
Und dann verlas der Lange mit leidender Miene, mit grabestiefer Stimme und gedecktem Pathos, was auf dem Zettel stand:

«Strafverfügung.
Der Angezeigte Alfred Wegener, Student, Heinr. Ingrimmstr. 5, ist beschuldigt, daß er in der Nacht vom 2./3. ds. Mts. um 3 Uhr groben Unfug und Ruhestörung dadurch verübte, daß er mit umgehängtem weißen Tuch durch die Hauptstraße nach dem Marktplatz zog und dabei durch überlautes Schreien ungebührlicherweise ruhestörenden Lärm erregte.»

Kurze Stille.
Dann gluckste der Schlips: «Wunderbar formuliert ist das. Oder? Und von uns anderen hat er nichts geschrieben?»
«Ruhe!» befahl der Lange. «Man exerziert hier offensichtlich ein abschreckendes Exemplum gegen die ganze Studentenschaft. Aber es geht noch weiter. Hört nur. Die Unterschrift lautet:

Schutzmann Eiermann.»

«Neiiin», brüllte die Meute los, und dann durcheinander: «Mensch, Alfred, Eiermann hat er gesagt.» – «Wunderbar! Wie aus der Operette!» – «Eierkopp, Eierkopp», schnatterte der Kleine, der alles bestens verstand.
«Beruhigt euch, Kinder», unterbrach sie der Lange. «Das dicke Ende kommt noch. Ich verlese.»
Er atmete tief durch, dann sprach er wieder mit Grabesstimme:

«Auf Grund des § 360 n. R. wird gegen ihn eine Geldstrafe von 5,- Mark festgesetzt. Auch hat er die Kosten zu tragen. Anstelle der Geldstrafe tritt im Falle der Unbeibringlichkeit ...»

«Un-bei-bring-lich-keit», wiederholte der Schlips andächtig mit spitzen Lippen.

«... im Falle der Unbeibringlichkeit eine Haftstrafe von 2 Tagen. Heidelberg, 3. Juli 1900.»

Der Lange ließ das Blatt sinken.
Die Bande sah sich verdutzt an.
Und dann folgte eine chorische Siegeskakophonie, vielstimmig, empört und begeistert zugleich, und mit trampelnden Füßen. Die Zimmerlampe schaukelte bedenklich, und die Zimmerwirtin zwei Stockwerke tiefer zog mißbilligend die Stirn kraus.
«Zuerst am frühen Morgen als blasse Bierleiche mit Leichentuch durch die Stadt, und dann soll er auch noch hinter Gitter. Und von uns wurde gar nichts geschrieben ...» Auch der Lange wischte sich zuckend die Augen. Er rieb begeistert Alfreds verschränkte Arme.
«Hauptsache, ihr seid gesund und habt euren Spaß», verkündete Alfred mit strenger Miene; aber ein stilles Grinsen konnte er sich dabei doch nicht ganz verkneifen.
Der Lange jubelte: «Mensch, Alfred, war das eine wunderbare Nacht. Und du hast uns gerettet ... jawohl du! Denn deshalb konnte uns der Eierkopp doch nicht erwischen, weil er dich am Wickel hatte, beziehungsweise am Bettuch.» Er wieherte verhalten mit blitzenden Augen.
«Und deshalb ...»
Er hob die Stimme und stellte sich auf den Stuhl, der dabei bedenklich wackelte.
«Deshalb ...»
«Bau ... Bau ... innen Bau muß er ...» knödelte es ergriffen aus der Ecke.
«Nichts da Bau!!!» brüllte der Lange.
Alles stockte, blickte erschrocken.
«Deshalb, Männer ...» sprach der Lange weiter, «weil uns der Alfred so hochherzig gerettet hat vor des Gesetzes grausamem Zugriff und heldenhaft sich geopfert hat ... äh, in jener denkwürdig feuchten Nacht ... und sich der behördlichen Ordnung als würdige Ablenkung von uns in deren gierig gefräßigen Rachen warf ...»
«Dem Eiermann, höhö ...» Natürlich war das der Kleine.

«Deshalb werden wir nun den Klingelbeutel herumreichen! Nun denn, nicht gezaudert! Du da, Kerl, nimm die Mütze ab und reich sie ordentlich herum. Marsch, marsch, und keine Müdigkeit vorschützen ... Nun macht mal schön. Austreten muß grad keiner, schön hiergeblieben. Nur nicht alle auf einmal. Jeder kommt dran. Drängeln hilft nicht. Erst wird gelöhnt ...»
Der Lange wanderte rasch mit der Mütze des Blassen von einem Kameraden zum anderen.
«Na, Kerl, hoho, das ist aber zu wenig. Noch ein paar Groschen dazu. Der fette Scheck des Herrn Papa erlaubt das schon. Nur kein Zaudern!»
Und er scherte sich keinen Deut um das Grummeln der Gestalten, die sich am liebsten verdrückt hätten, aber andererseits diese freundschaftliche Lösung auch richtig fanden.
Der Lange zählte die Münzen und zwinkerte Alfred aus dem Augenwinkel zu. «Das sollte reichen, auch noch für die Spesen. Die Direktion dankt mit Applaus.» Er verbeugte sich.
Jetzt stemmte der Dicke sich hoch: «So, liebe Leute, genug geschwatzt. Jetzt geht's noch ein Stündchen auf den Fechtboden; wozu tragen wir denn Farben. Und dann wird zur Feier des Tages ein solide gearbeitetes Faß aufgemacht.»
Alfred strahlte und schüttelte jedem die Hand.
Dann zogen sie los.

Es kamen die Sommerferien.
Danach blieb Alfred in Berlin. Kurz vor der Volljährigkeit gab er sich einen Ruck und ergriff sein Leben mit neuem Ernst. Er widmete sich wieder intensiv dem Studium und hörte Vorlesungen bei bekannten Professoren, unter anderem bei dem Physiker und späteren Nobelpreisträger Max Planck.
Heidelberg war wohl so etwas wie ein einziges großes Austoben gewesen, doch es gehörte der Vergangenheit an.
Aber noch einmal verbrachte er ein Semester seiner Studienzeit auswärts.

Gemeinsam mit seinem Bruder Kurt ging der nun Zwanzigjährige im Sommerhalbjahr 1901 an die Leopold-Franzens-Universität nach Innsbruck, Österreich.
Zunehmend hatte er die körperliche Betätigung während seiner astronomischen Studien vermißt, und er suchte auch anschaulichere Arbeiten als die abstrakten Regionen der höheren Mathematik, die seinem Wesen fernlag, die es aber dennoch als Grundlage der Astronomie zu durchdringen galt. In Innsbruck konnte er sich der Natur der Berge öffnen und wieder seine körperlichen Kräfte erproben.
Auf dem Studienprogramm standen Vorlesungen zur Geologie und Botanik, vornehmlich der Alpen. Zusätzlich zu den wissenschaftlichen Exkursionen mit ihren Professoren unternahmen die beiden Brüder eine Vielzahl von Wanderungen und Klettertouren.
Nun waren die Alpen in jener Zeit noch nicht touristisch erschlossen. Man kannte keine Markierungen der Wege oder Drahtseilsicherungen. Die meisten Alpenhütten existierten noch nicht, und lange Anmärsche, mitunter die Errichtung eines Biwaks und ungesicherte Wege waren normal. Jede Unternehmung erforderte besondere Ausdauer und Geschicklichkeit. So war es nicht verwunderlich, daß die beiden bei ihrer ersten Hochtour, noch ohne viel bergsteigerische Erfahrung, vom geplanten Weg abkamen. Der nicht ganz einfach zu bezwingende Olperer war ihr Ziel, und sie gingen ohne Führer. Nun waren sie auf eine andere, viel schwierigere Route geraten. Doch hier zeigte sich ein besonderer Charakterzug der beiden.
«Was nun? Umkehren?»
«Auf gar keinen Fall! Wir müssen nur den richtigen Weg finden. Und Fehlschläge gehören dazu, die müssen wir eben in Kauf nehmen.»
Mutig und geschickt stellten sie sich der Herausforderung und gaben nicht eher auf, als bis sie den Berg auf der neuen Route bezwungen hatten und auf dem Gipfel standen.

So erkundeten sie einen Großteil der Stubaier, Ötztaler und Zillertaler Alpen. Sie bestiegen auch den Ortler. Das Innsbrucker Semester verging rasch.
Glücklich und zufrieden kehrten sie im Herbst wieder nach Berlin zurück.
Gleich anschließend absolvierte Alfred Wegener von September 1901 bis September 1902 den obligatorischen Militärdienst, und zwar bei der 4. Kompanie des Königin-Elisabeth-Garde-Grenadier-Regiments No. 3 zu Westend bei Berlin. Während dieser Zeit ruhte jedoch das Studium nicht. Er hörte nebenbei Vorlesungen zur Philosophie, unter anderem bei dem berühmten Professor Wilhelm Dilthey, und erweiterte so seinen wissenschaftlichen Horizont ganz beträchtlich.
In diese Berliner Zeit fiel nun ein wichtiges Ereignis. Noch ahnte der mittlerweile volljährig gewordene Wegener nicht, daß es die Keimzelle für einen wesentlichen Teil seiner Lebensleistung sein sollte. Es begann ganz unspektakulär.
Die Erforschung der Polargebiete war in jener Zeit noch nicht sehr weit fortgeschritten. Das Ewige Eis barg unendlich viele Rätsel. Immer wieder ertappte sich Wegener dabei, wie seine Gedanken polwärts schweiften. Er beschäftigte sich genauer mit dieser Erdregion, und oft überwältigten ihn dabei die freudigsten Empfindungen und eine grenzenlose Begeisterung. Er wußte gar nicht recht warum. Man müßte neue Expeditionen ausrüsten ... das Eis weiter nördlich überqueren ... vermessen ... die unerforschten Gebiete erobern ... wunderbar muß sie sein, diese Schnee- und Eiswelt... die Polarnacht ...
Diese Idee setzte sich so nachhaltig in ihm fest, daß er immer wieder darauf zu sprechen kam. Vielen Freunden erzählte er von seinen Plänen und Phantasien über eine neue Erforschung der Arktis, nicht nur den Vereinsbrüdern der nichtfarbentragenden «schwarzen» wissenschaftlichen Studentenverbindung, des Akademisch-Astronomischen Vereins, kurz A^2V genannt, dem er in jener Zeit als Mitglied angehörte.

Im Jahre 1903 besuchte ihn eines Tages sein Studienfreund Walter Gustav Georg Wundt. Ihm erzählte er etwas genauer von seinen Ideen.
«Schau her», sagte er und schlug den Atlas auf, die Seite mit der Grönlandkarte. «Fridtjof Nansen ist 1888 hier entlanggezogen.» Er deutete mit dem Zeigefinger auf die Route. «Ich denke nun», fuhr Wegener fort, «daß man hier oben das Inlandeis überqueren müßte. Was meinst du? Das hier ist alles noch völlig unerforscht.» Und er zeigte Wundt eine weiter nördlich gelegene und viel längere Route. «Das möchte ich einmal machen ...»

Doch in der folgenden Zeit überlagerten fürs erste andere Aufgaben diesen anfänglichen Impuls.
Im 7. und 8. Semester arbeitete Wegener schon als Assistent an der Berliner Volkssternwarte «Urania». In dieser Zeit begann er mit dem Schreiben seiner Doktorarbeit, die sich mit einer alten Sammlung von Sternberechnungen beschäftigte, den sogenannten Alfonsischen Tafeln. Wegener rechnete die historischen Daten für einen neuzeitlichen Gebrauch um. Im März 1905 promovierte er dann, erst 25 Jahre alt, mit dem Prädikat «magna cum laude» und durfte sich ab jetzt Doktor Wegener nennen.
Obwohl er später noch einige wissenschaftliche Arbeiten über astronomische Themen veröffentlichte, sah er seine Zukunft ganz und gar nicht auf diesem Gebiet. Zu einem Studienfreund sagte er einmal: *«In der Astronomie ist alles im wesentlichen schon bearbeitet, nur speziell mathematische Begabung und besondere Einrichtungen auf Sternwarten können zu neuen Erkenntnissen führen, zudem bietet die Astronomie keine Gelegenheit zu körperlicher Betätigung.»*
So also sah ein kritischer junger Wissenschaftler die damalige Situation der Astronomie! Von der bemannten Raumfahrt und von «Weltraumspaziergängen» der Gegenwart konnte man ja in jenen Tagen noch nichts wissen.
Wegener drängte es in eine andere Richtung. Schon in seinem

Abb. 4: Wladimir Köppen (1846 – 1940), hochangesehener und vielseitiger Meteorologe, 1885 – 1919 an der Deutschen Seewarte in Hamburg, Schwiegervater Alfred Wegeners. Die freundschaftliche und sehr fruchtbare wissenschaftliche Zusammenarbeit zwischen beiden währte über 20 Jahre.

Abb. 5: Jugendphoto Alfred Wegeners aus seinem Meldungsbuch an der Universität Innsbruck vom 16. April 1901.

Abb. 6: Alfred Wegener 1910.

4

5

6

Studium hatte er sich mit der Meteorologie beschäftigt. Nun hatte mittlerweile auch Kurt sein Studium beendet und war Assistent am Königlich-Preußischen Aeronautischen Observatorium in Lindenberg bei Berlin geworden. Dahin zog es auch Alfred. Er bewarb sich und wurde ebenfalls dort Assistent. Ihn reizte die Erforschung der physikalischen Struktur der Wolken und höheren Schichten der Atmosphäre.

Ballonfahrten

Vor allen Dingen jedoch reizte Alfred Wegener die Forschungsmethode mit Drachen und Fesselballons! Das war nun weiß Gott keine trockene Schreibtischarbeit!
Die Erforschung der Atmosphäre und des Wettergeschehens steckte damals noch in den Kinderschuhen; brauchbare Methoden galt es erst noch zu entwickeln und in der Luft zu erproben. Im Vordergrund stand natürlich bei den nicht ganz ungefährlichen Ballonfahrten nicht das Flugabenteuer, sondern die wissenschaftliche Arbeit. Aber genau diese anregende Mischung war dem neuen jungen Assistenten recht.
Wegeners erste Ballonfahrt startete am 11. Mai 1905 genau um 8.34 Uhr in Reinickendorf. Der Ballon war mit etwa 1200 m^3 Wasserstoff gefüllt worden und wirkte außerordentlich mächtig. Ballonführer war bei dieser Fahrt Professor Berson, der seinerzeit durch einen dramatischen Aufstieg bis in 10.000 Meter Höhe von sich reden gemacht hatte. Über zehn Stunden dauerte diesmal die Fahrt, 5761 Meter wurden erreicht bei minus 19,6 Grad Celsius! Ständig wurden dabei Wetterbeobachtungen und luftelektrische Messungen durchgeführt. Wegener ermittelte zudem erstmals systematisch durch astronomische Ortsbestimmungen anhand der Gestirne die jeweilige Position, vom fahrenden Ballon aus und unabhängig von guter Sicht.
Doch nicht immer verlief eine solche Fahrt problemlos! Schon die zweite Ballonfahrt, mit Dr. Gerdien, die während einer Sonnenfinsternis stattfand, zeigte dies. Am 30. August 1905 um

10.33 Uhr erfolgte der Start. Der Ballon befand sich größtenteils über einer geschlossenen Wolkendecke, und die Orientierung war nicht einfach. Bis auf 6046 Meter Höhe kamen sie bei Temperaturen bis minus 23,8 Grad Celsius. Nach etwa sieben Stunden landeten sie schließlich wieder, fast 500 km von Reinickendorf entfernt. Und dabei geschah es.

Alfred Wegener berichtete über diese Fahrt später – nicht ganz ohne Humor:

Der Ballon schoß nach dem Fortlassen sofort auf fast 1000 Meter hinauf, schwamm hier eine Zeitlang dicht über den Wolken, geriet dann aber wieder hinein und fiel, durch Wasser belastet, bis auf 560 Meter, so daß Ballast gegeben werden mußte. In 1300 - 1400 Meter schwammen wir zwischen zwei Wolkenschichten, sahen aber wiederholt die Sonne, so daß ich um 12 Uhr eine Sonnenhöhe messen und wir die zunehmende Verfinsterung beobachten konnten. Sie machte sich sowohl für das persönliche Empfinden wie auch für den Ballon geltend, da die Verminderung der Strahlung sehr bemerklich war … Unter fortgesetztem Ballastgeben hoben wir uns höher und höher über das jetzt fast ganz geschlossene Wolkenmeer hinaus. Wir sahen aus der Masse mehrere Böenwolken herausragen und sich merkwürdig dunkel von dem sonst so glänzenden Bild abheben. Ab und zu hörten wir Donner aus ihnen heraufönen … Wir konnten uns jetzt, wo der Ballon ruhig über den Wolken schwamm, mit großer Ruhe unseren Instrumenten widmen. Nur von Zeit zu Zeit sahen wir über den Korbrand hinab und betrachteten das Wolkenmeer, das einen herrlichen Anblick bot. Besonders fesselte uns ein Wolkenberg, der wie eine Felseninsel aufragte, rings umgeben von kleineren Ballungen. Schließlich wurde die Sauerstoffflasche in Ordnung gebracht und nun stufenweise zur Maximalhöhe emporgeklommen, die wir um 4.46 Uhr mit 6000 Meter erreichten. Da fing der Ballon ohne Ventilziehen an zu fallen. Wir gingen sofort an die Verpackung der Instrumente … In den Wolken fiel der Ballon infolge der Belastung mit Wasser so schnell, daß G. zwei

Sack Ballast gab, die aber nicht ganz ausreichten, ihn abzufangen. Wir waren schon unterhalb der Wolken und sahen bereits die Erde, als ich das Schleppseil hinunterließ. Wir wurden knapp fertig mit dem Verpacken, da waren wir schon in bedrohlicher Nähe der Erde ... Gleich darauf neigte sich der Korb, das Schleppseil mußte aufliegen ... Ich gab schnell den letzten Sack Ballast, da gab es plötzlich einen Ruck – das Schleppseil war abgerissen. G. tat nun das in dieser kritischen Lage einzig Richtige, er riß sofort die Reißbahn auf, damit der Ballon sich entleerte. Dann hieß es «Klimmzug», und es kam der Aufprall. Ich dachte nur daran, mich festzuhalten, sah einen Augenblick alles drunter und drüber gehen und merkte dann, daß ich über die Erde geschleift wurde, wobei ich einen starken Druck auf meinem Körper fühlte, fand mich dann mit dem linken Fuß gefesselt, bis mir der linke Stiefel abgezogen wurde – dann war ich frei ... Mein steifer Halskragen hatte sich wie ein Pflug in die Erde gegraben, und mein Kopf war voll Erde ... Nachdem ich mich, nicht ganz ohne Mühe, vom Erdboden erhoben hatte, zog ich zunächst mit Befriedigung meinen Stiefel wieder an und stellte mich G. vor. Er hatte sich das Knie stark angeschlagen, und später stellte sich auch eine Zerrung der linken Schulter heraus. Er überreichte mir meinen Hausschlüssel, bald fand ich auch den zweiten, ebenso meinen Hut ... Dann eilten Landleute herbei, von denen einige Deutsch verstanden. Wir stellten bald fest, daß wir uns in Russisch-Polen befanden ... Wir mußten die Nacht in schlechtem und schmutzigem Quartier beim Dorfschulzen verbringen. Am nächsten Tag verpackten wir den Ballon und wurden dann vom Schulzen zur nächsten russischen Festung gebracht. In völliger Finsternis kippte uns unser Rosselenker auf dem furchtbar schlechten Weg in eine große Pfütze. Er selbst fiel natürlich auf G.s kranke Schulter, und als wir uns endlich aufgerafft hatten, sahen wir aus der tiefen Pfütze im Schein der Taschenlampen das Quecksilberbarometer und auch unsere Handtaschen herausragen! Natürlich halbvoll mit Wasser! Alle reine Wäsche, die wir noch hatten, war hinüber! Endlich war die Festung Modlin erreicht, und nach endlosen Formalitäten, von denen wir kein Wort verstanden, wurden wir auf ein Zimmer geführt und konnten uns schlafen legen. Am nächsten Morgen wurden wir auf unser Ansuchen vom Militärarzt aufgesucht, der uns gleich zum Mittagessen einlud. Im Kreise von etwa zehn sehr liebenswürdigen Offizieren, von denen aber nur der Oberst etwas Deutsch verstand, erlebten wir ein russisches Diner mit der obligaten Menge von Schnäpsen. Erst am nächsten Tag konnten wir mit Erlaubnis des Gouverneurs von Warschau die Festung verlassen und reisten ohne Schwierigkeiten über die deutsche Grenze heim.

Wegeners dritte Fahrt allerdings sollte einen besonderen Höhepunkt darstellen! Sie ging sogar in die Geschichte ein.
Im Rahmen eines speziellen Forschungsprogramms des Lindenberger Observatoriums wurde eine Ballonfahrt mit Hochaufstieg geplant; weiterhin sollte erstmals die Methode der astronomischen Ortsbestimmung bei Nacht erprobt werden. Die an sich ausschließlich wissenschaftliche Fahrt erfolgte jedoch im Rahmen einer sogenannten Gordon-Bennett-Wettfahrt. Ziel des von James Gordon-Bennett gestifteten Preises war es, sich möglichst lange mit einem Ballon in der Luft zu halten.
Diesmal taten sich die beiden Brüder Wegener als Besatzung zusammen. Der Start mußte allerdings aus verschiedenen Gründen mehrfach verschoben werden. Dann jedoch ging plötzlich alles sehr schnell.
Am 5. April 1906 starteten Alfred und Kurt Wegener um 9.00 Uhr morgens mit einem mächtigen ehemaligen Fesselballon, teilweise umgerüstet, gefüllt mit 1200 m^3 Wasserstoff. An Bord waren 38 Sandsäcke Ballast geladen. Schnell stiegen sie auf, mit Kurs Nordwest. Mittags waren sie schon an der Ostsee, passierten die Westküste von Fehmarn und erreichten kurz vor der Dunkelheit Jütland. Doch jetzt flaute der Wind ab; der Ballon

drehte stark nach Osten und trieb am Morgen des nächsten Tages sachte aufs Meer hinaus, dann aber – schon nahe der dänischen Küste – glücklicherweise wieder nach Süden. Nachmittags frischte der Wind allmählich auf. Der Ballon gewann an Geschwindigkeit und erreichte abends die deutsche Küste. Da jedoch drehte der Kurs nach Westen! Sollten sie etwa auf die Nordsee getrieben werden?

Bald mußten sie alles zum Abstieg vorbereiten – da drehte plötzlich der Wind erneut. Der Ballon trieb wieder nach Süden ... Über Hamburg ging es hinweg bis westlich von Hannover, und am Morgen schließlich trieb der Ballon an Kassel vorbei.

In den Nächten hatten sie insgesamt vier astronomische Ortsbestimmungen durchgeführt. Die Überprüfung zeigte, daß die Ergebnisse weitgehend stimmten. Dem Zweck der Orientierung während einer Ballonfahrt bei Nacht genügten sie jedenfalls völlig. Zusätzlich hatten Kurt und Alfred eine Vielzahl meteorologischer Beobachtungen angestellt.

Doch nun begannen die Schwierigkeiten. Der Start war in Eile vorbereitet und durchgeführt worden. Ursprünglich sollte es lediglich eine einfache Nachtfahrt werden. Deshalb war die Ausrüstung auch nicht für eine Dauerfahrt eingerichtet. Verpflegung hatten sie nur für zwei Tage mitgenommen: zwei Pfund Schokolade, vier Koteletts, zwei Flaschen Selterswasser und zwei Apfelsinen. Zudem hatten sie in der Aufregung bei der Abfahrt ihre Mäntel vergessen. Sie trugen jeder nur ein einfaches leichtes Sommerjackett und froren in den Nächten erbärmlich. Wegen starken Schüttelfrosts konnten sie bei Temperaturen bis minus 16 Grad Celsius nicht einmal schlafen! Und schon am zweiten Tag fehlte es ihnen an Verpflegung.

Doch der Kurs war gerade jetzt so günstig. Ohne wirkliche Not konnten sie diese wunderbare Fahrt nicht einfach abbrechen. Und noch ging es ja, wenn auch nur mit der allergrößten Mühe. Es fehlte auch noch der geplante Höhenaufstieg.

Trotz aller Hindernisse beschlossen die beiden am dritten Tag, den Aufstieg zu wagen. Sie wollten versuchen, den Ballon auf etwa 5300 Meter zu bringen. Das müßte ohne weiteres möglich sein. Beide hatten auf früheren Fahrten schon größere Höhen gemeistert. Kurt war sogar schon bis auf 7000 Meter aufgestiegen, allerdings mit entsprechender Ausrüstung. Dennoch, einen Versuch war es wert. Der Ballon stieg. Bis auf 3700 Meter. Nur der verbliebene Ballast an Bord hinderte ihn daran, weiter aufzusteigen.

Kurts Gesicht war ganz grau und rissig von der Kälte. Seine Glieder zitterten. Da sah er, wie Alfred ohnmächtig wurde. Rasch rutschte er zu ihm hinüber, den eiskalten Lärm des Windes in den wunden Ohren, und rüttelte ihn, bis er wieder bei Sinnen war. Gemeinsam krallten sie sich mit ihren frostigen Händen in einem Sandsack fest und versuchten, ihn hochzustemmen, hinauf zum so unendlich weit entfernten Korbrand. Doch völlig entkräftet mußten sie loslassen. Der Sack stürzte bleischwer zurück auf den Boden und erschütterte den Korb. Kurt verlor das Gleichgewicht und sank langsam zu Boden, völlig überanstrengt. In den nächsten Stunden mehrten sich der Schüttelfrost und die Ohnmachtsanfälle. Äußerst schmerzhafte Muskelkrämpfe kamen hinzu.

Drei weitere Stunden hielten die Brüder noch durch. Dann mußten sie ihren Kampf um einen weiteren Aufstieg aufgeben und den Versuch abbrechen. Sie schafften es einfach nicht mehr, auch nur einen einzigen weiteren Sandsack abzuwerfen. Hunger und Kälte hatten gesiegt.

Alfred und Kurt Wegener leiteten den Abstieg ein. Am 7. April 1906, mittags um 13.32 Uhr, landeten sie schließlich im Spessart bei Laufach, etwa 10 Kilometer östlich von Aschaffenburg. Etwas mehr als 52 Stunden hatte ihre Fahrt gedauert. Und das war der bisher weltweit längste Dauerflug im Ballon.

Ohne es geplant zu haben, hatten sie den bisherigen Rekordinhaber Comte de la Vaulx und seinen berühmten Flug von 1900 mit 35 Stunden um mehr als 17 Stunden überboten. Und das als

noch relativ unerfahrene Anfänger im Ballonfahren und mit völlig unzureichender Ausrüstung.
Lange Berichte über den sensationellen Erfolg erschienen bald in allen deutschen und vielen ausländischen Zeitungen. Doch es traten Zweifel an den mitgeteilten Flugdaten auf. Es gab Neider. Eine sorgfältige Prüfung ergab allerdings, daß der gesamte Flug mustergültig dokumentiert worden war und somit alles bewiesen werden konnte.
Äußerste Willensanstrengung und bedingungsloses Durchhaltevermögen, exakte und sorgfältige Messungen unter schwierigsten Wetterbedingungen, bei größten körperlichen Entbehrungen, Hunger und Kälte – diese Fähigkeiten erwarb sich Alfred Wegener auf seinen Ballonfahrten, und das alles als einfacher wissenschaftlicher Beamter eines Observatoriums. Es waren die besten Voraussetzungen für die Verwirklichung seines alten Traums: die Eroberung der Polargebiete.
Doch wie sollte es jemals bei dem im großen und ganzen doch sehr geregelten Forschungsbetrieb des Observatoriums dazu kommen?
Und es kam noch etwas anderes hinzu.
Er spürte – oder genauer: er ahnte, daß allmählich etwas zu Ende ging. Tief innen nahm er einen leisen Zweifel wahr. Konnte es wirklich so weitergehen, ganz aus dem bisherigen Schwung heraus, gleichsam wie von allein? Körperlich fühlte er sich auf der Höhe seiner Kräfte, das war es nicht. Auch beruflich wich er vor keiner Verantwortung zurück, er war seinen Aufgaben in jeder Hinsicht gewachsen. Aber würde der Alltag ihn so weitertragen können, Jahr um Jahr? War er eine Kugel, die nun ewig so weiterlaufen würde? Außerdem: Hatte er seinen Beruf, seine Aufgabe, eigentlich schon gefunden?
Und da erfuhr er von dem Plan des Dänen.
Wegener hatte vor einiger Zeit schon einmal davon gehört, allerdings nicht viel mehr als vage Andeutungen. Aber im Herbst letzten Jahres hatte dieser Mylius-Erichsen einen

wirklich großartigen Vortrag vor der Geographischen Gesellschaft in Wien gehalten: über den Plan einer zweijährigen dänischen Expedition nach Nordostgrönland!

«Was ist das wohl für ein Mensch, dieser Ludvig Mylius-Erichsen? ‹Schriftsteller und Polarforscher› steht hier.» Alfred Wegener hielt das Aprilheft der Zeitschrift «Gaea» in den Händen. Man schrieb das Jahr 1906. Er hatte gerade die Ausführungen des Dänen in wilder Hast gelesen – ach was, regelrecht verschlungen. Mit größter Begeisterung sprach dieser Mann von seinem Plan: *Der Glückliche, welcher nur ein einziges Mal auch nur ein Zipfelchen des Vorhangs über unbekannten Ländern und Meeren, neuen Küsten, neuen Lebens, neuer Erfahrungsbereiche zu lüften half, wird stärker als andere die Anziehung unbekannter Gebiete fühlen ... Und wenn er in sich einen unwiderstehlichen Drang spürt und sich im Besitz der allenfalls nötigen Fähigkeiten glaubt, der Forschung Pionierarbeit leisten zu können, ja dann wird er voller Hoffnung und Vertrauen seinen ganzen Einsatz bieten: ein Paar arbeitswilliger Hände, zwei offene Augen und all die einem gesunden jungen Mann eigene Kraft und Ausdauer ... Der Stab junger Fachgelehrter, welcher mir auf meiner Fahrt folgt, wird die naturwissenschaftlichen Untersuchungen hauptsächlich auf eigene Faust unternehmen.*

Großartig! dachte Wegener. Genau das ist es!

Rasch entschlossen packte er den Koffer und fuhr nach Kopenhagen, um sich bei Mylius-Erichsen zu bewerben.

Endlich stand er vor ihm.

Sympathisch blitzende Augen, ein schön geschwungener Schnurr- und ein spitzer Kinnbart, freundliche, umgängliche Manieren. Und ein erfahrener Grönlandkenner!

Schon zweimal hatte Mylius-Erichsen die Insel monatelang bereist. Bei ihm würde er – Wegener – das Entscheidende lernen können. Der kannte die Anforderungen und Gefahren. Wie hatte er gleich noch geschrieben? *Man muß einen scharfen Verstand, einen umgänglichen Sinn, einen großen Gleichmut und einen gesunden Körper in diese Gegenden mitbringen, dann hat man etwas zum Einsetzen, während man für seine Aufgabe lebt ... Man kann sich keine schmerzlichere Tortur denken, als die, mehrmals eine viermonatliche Polarnacht zu durchleben, in der totale Finsternis herrscht, die Kälte bis -50 Grad Celsius sinkt und die physische Arbeitskraft erlahmt ... Man bedenke nur, was es heißt, Jahre hindurch von der zivilisierten Welt abgeschnitten zu sein, von der Anregung neuer Gesprächsstoffe, von Telegrammen, Zeitungen, Briefen und was sonst in der zivilisierten Welt den täglichen Impuls gibt, ausgeschlossen.*

Ziel der Expedition war es, die vollständig unbewohnte und wegen des Treibeises schwer zugängliche Nordostküste Grönlands vom 75. Breitengrad bis zur Nordspitze zu kartieren und dort eine Forschungsstation zu errichten. Dänemark interessierte sich für solche Forschungen, denn sie konnten mithelfen, das Land eventuell wirtschaftlich zu erschließen und die Schifffahrtsverbindungen auszubauen. Grönland war in jener Zeit noch eine Kolonie Dänemarks. Als Schirmherr der Expedition fungierte deshalb der König, und die Expeditionskosten wurden zum einen privat, zum anderen aber vom Staat getragen. Sie beliefen sich insgesamt auf rund 300.000 Dänische Kronen.

Rasch wurden die beiden Männer einig. Wegener sollte als Meteorologe und Physiker die Expedition wissenschaftlich begleiten. Mylius-Erichsen verfolgte außerdem auch noch ein völkerkundliches Interesse, nämlich die Frage der Einwanderung der Eskimos nach Grönland.

Die finanziellen Dinge sollten sehr einfach geregelt werden. Alle, *vom Chef bis zum Heizer* – so hatte Mylius-Erichsen geschrieben –, sollten pro Monat das gleiche geringe Gehalt, nämlich 60 Kronen, beziehen; *denn keiner kann entbehrt werden und alle setzen ihr Leben aufs Spiel, und mehr kann kein Mensch geben.* Nicht eine bestimmte Arbeit oder Leistung sollten bezahlt werden, sondern es galt, eine gemeinsame Aufgabe zu

meistern. Alle miteinander, jeder an seinem Platz. Und da konnte es keine Wertunterschiede geben.
Tief befriedigt regelte Alfred Wegener nach seiner Rückkehr das Ausscheiden beim Observatorium. Mit größtem Bedauern vernahm man seine Kündigung, verstand aber seine Gründe und seinen Plan.

Ganz anders jedoch reagierten die Eltern, als er ihnen bei einem Besuch von seinem Entschluß erzählte, an einer Grönlandexpedition teilzunehmen.
Sein Vater war entsetzt. «Aha, nach Grönland, sagst du! So, so – eine Expedition.» Nervös paffte er an seiner Zigarre und stieß große Rauchwolken hervor. Ringe gelangen ihm dabei nicht. «Und wozu das alles?»
Alfred blickte ihn erstaunt an. «Es ist weitgehend noch unerforschtes Land. Und es werden wissenschaftliche Arbeiten durchgeführt – Pionierarbeit», erklärte Alfred. Ihm war unbehaglich zumute.
«So, so.» Dr. Richard Wegener kniff die Lippen zusammen. «Wissenschaftliche Arbeiten – Pionierarbeit.» Er trommelte mit den Fingern auf der Armlehne seines Sessels herum. «Und beim Observatorium hast du gekündigt. Die Stelle wird also neu besetzt werden.»
«Ja, sicherlich.» Alfred wurde es warm; er lockerte den Kragen.
«Alfred, ich will offen mit dir reden. Ich kann deine Pläne nicht billigen. Da sollten wir uns nichts vormachen. Du sagst: unerforschte Gebiete, wissenschaftliche Pionierarbeit. Ich sage: Man muß nicht alles erforschen, erst recht, wenn es lebensgefährlich ist. Und deine eigentliche Arbeit ist hier, in Berlin.»
Alfred versuchte zu erklären: «Aber es ist eine einmalige Chance. Zudem werden meine Fähigkeiten als Meteorologe gebraucht. Und dann …» Er blickte zu Boden. «Es ist ein alter Traum von mir.»
Sein Vater schwieg einen Moment. Dann sagte er langsam: «Aha –

ein alter Traum also. Oder doch wohl eher eine – Träumerei? Alfred, jeder kleine Junge träumt davon, einmal Forschungsreisender zu werden. Im wilden Busch oder im ewigen Eis. Einerlei. Aber als erwachsene Männer müßten du und dein Bruder vernünftigere Lebenspläne haben.»

Alfred blickte erstaunt auf.

«Jawohl, vernünftige Zukunftspläne. Als erwachsene Menschen. Schon eure wagemutigen Ballonfahrten haben meinen Unwillen erregt. Und zwar nachdrücklich. Bis nach England – man stelle sich das vor: über die Nordsee hinweg! – mußte Kurt damals fliegen, oder ‹fahren›, wie ihr das nennt. Und alle fanden das abenteuerlich und ganz großartig.» Er paffte gewaltige Wolken.

«Ich aber nicht! Ich nicht! … Ja, ja –», er hob die Hände. «Ich weiß, ich bin ja nur ein alter Philologe, der sich mit Muße und inniger Freude in alte, staubige Folianten vergräbt und tote, längst vergangene Sprachen verehrt. Und der nichts, aber auch gar nichts davon verstehen will, einfach nicht verstehen will … Das denkst du doch jetzt. Sei ehrlich! Und ich kann es dir ruhig sagen: Es stimmt! Jawohl, es stimmt. Du hast ganz recht.» – Er atmete tief ein. «Ich kann ja verstehen, daß ihr die Geisteswissenschaften nicht gewählt habt. Aber darum muß man doch nicht gleich zum Nordpol!»

«Nur nach Grönland …», verbesserte Alfred leise.

«Gleichwohl», fuhr sein Vater fort, «es ist ein Phantasiegebilde. Eine Zeitverschwendung. Ein Abenteuer. Du bist erwachsen. Ihr beide seid es. Es wird langsam Zeit, daß ihr euch nach einer pensionsberechtigten Stelle umschaut. Ihr müßt langsam an eure spätere Zukunft denken. Vorausschauen. Und endlich …», er verschränkte die Arme, «… endlich einen Hausstand gründen.»

«Aber Vater!» rief Alfred entgeistert. «Das ist doch nicht dein Ernst! Was für ein Leben stellst du dir denn für mich vor? So alt bin ich ja nun auch noch nicht!»

«Nun ja. – Ich weiß, ich denke da in dieser Hinsicht anders, als

es junge Menschen heute tun. Aber ich bin zutiefst überzeugt von meiner Auffassung. – Gleichwohl ...» Er stand auf. «Du bleibst bei deinen Plänen?»
«Aber selbstverständlich, Vater! Es ist ja auch schon alles vertraglich geregelt und abgesprochen.»
Sein Vater blickte ihn lange an, sehr ernst. «So – es ist alles gerichtet.»
Er wanderte im Zimmer umher, zum Fenster und wieder zurück. Dann blieb er abrupt stehen. «Dein Entschluß steht also fest. Nun gut. Es sei alles geregelt, sagst du. Wirklich alles?»
Alfred blinzelte; er wußte nicht recht, was sein Vater damit meinte. «Nun ja, also ...»
«Ich denke an Kleidungsstücke, frostsicher und warm, Kocher, Zelt, Rucksack, was weiß ich, Skier vielleicht oder was man sonst so braucht bei solcher – wie sagtest du? – Pionierarbeit.»
Alfred überhörte die Nebentöne. «Sicherlich, Vater. Da fehlt allerdings noch einiges, tatsächlich ...»
«Und wissenschaftliche Geräte. Werden die gestellt? Oder mußt du sie selbst anschaffen?»
«Ja, die Geräte. Da wissen wir noch nicht genau Bescheid, welche Zuschüsse dafür bereitgestellt werden. Das muß noch geprüft werden. Manches werde ich mir sicher selbst anschaffen müssen, wenn es nicht bewilligt wird. Aber warum ...?»
«Wovon? Hast du Ersparnisse?»
«Wenige. In der Tat, es wird nicht ganz für alles reichen.» Er räusperte sich. «Es reicht ganz sicher nicht aus.»
«Und woher willst du es nehmen?»
«Das weiß ich noch nicht. Vielleicht ...» Er verstummte.
Sein Vater blickte ihm direkt in die Augen. «Ich werde dir etwas geben.»
Alfred erschrak. «Du? – Aber, Vater, du hast doch gesagt ...»
«Laß, Alfred. – Ja, ich werde es tun. Als Vorschuß. Es wird nicht allzu viel sein können, eben das, was ich entbehren kann. Aber eine Hilfe wird es schon sein. Nein, nein! Denke jetzt nicht, daß

du mich umgestimmt oder gar überzeugt hättest. Ich habe meine Auffassung nicht geändert. Ich verstehe deinen Entschluß nicht, billige ihn auch keineswegs. Aber ...», er senkte die Stimme etwas, «... du stehst dazu. Du bist überzeugt davon. Und du trägst auch die Verantwortung. Als dein Vater halte ich es für selbstverständlich, dir zu helfen, soweit ich kann, auch dann, wenn ich dich nicht verstehe.» Er setzte sich erschöpft und strich sich nachdenklich den Bart.

Alfred blickte ihn an, zögerte. «Vater ...» Und dann leise: «Danke!»

«Also», Dr. Richard Wegener räusperte sich vernehmlich, «wieviel, meinst du, brauchst du für den Anfang?»

Die Zuwendung des Vaters ermöglichte es Alfred Wegener, die notwendige Ausrüstung zu finanzieren. Sein Vater half ihm gern. Doch das Nichtverstehen und ein feiner Riß blieben ...

Die folgenden Wochen gehörten ganz den sorgfältigen Vorbereitungen der Expedition. Geschick und Spürsinn galt es schon jetzt einzusetzen, damit die richtigen Geräte für die geplanten Messungen gekauft oder geliehen werden konnten. Und sparsam mußte man außerdem sein, da die Mittel knapp waren.

Am 28. März 1906 saß Alfred Wegener über einem Brief, den er mit der allergrößten Sorgfalt aufsetzte. Er war an den Leiter der Wetterdienstabteilung bei der Deutschen Seewarte in Hamburg gerichtet, an Herrn Professor Dr. Wladimir Köppen, einen der damals bedeutendsten Klimatologen. Köppen hatte 1876 als erster in Deutschland damit begonnen, Wetterkarten herauszugeben, die täglich erschienen und zudem – was heute ganz selbstverständlich geworden ist – neben den aktuellen Angaben auch eine Prognose für die nächsten Tage enthielten. Der Professor war außerdem noch Leiter der Drachenstation in Großborstel bei Hamburg. Bei ihm erhoffte sich Wegener für seine geplanten Drachenflüge Rat und Hilfe, und da er selbst während seiner Assistentenzeit einige Aufsätze über meteorologische

Phänomene veröffentlicht hatte und damit in Fachkreisen einigermaßen bekannt geworden war, vermutete er auch bei dem Klimaforscher ein gewisses Interesse hinsichtlich der geplanten Unternehmung.
Wegener sollte sich nicht getäuscht haben. Umgehend erfolgte die Reaktion Köppens, der immer wach und interessiert verfolgte, was die jungen Wissenschaftler unternahmen, zumal es hier um ganz neue Gebiete ging, die der Meteorologie erschlossen werden sollten. So war er Wegener in jeder Weise behilflich und unterstützte lebhaft sein Vorhaben, soweit er es konnte.
Es sollte nicht die letzte Begegnung der beiden Männer gewesen sein, des nun Sechzigjährigen und des Fünfundzwanzigjährigen.

2.

Spurensuche

Die Danmarkexpedition

Am Kai des Kopenhagener Hafens, an dem das Expeditionsschiff, die Danmark, lag, drängte sich zu Johanni am 24. Juni 1906 eine dichte Menschenmenge. Als die 25 Männer der Mannschaft sich zum Abschied noch einmal an der Reling zeigten, kam begeisterter Jubel auf, der gar nicht enden wollte. Dann legten sie ab.

Langsam nahm die Danmark Fahrt auf. Zwölf Wissenschaftler waren an Bord, alles Dänen bis auf zwei Norweger und Wegener, dem einzigen Deutschen. Noch beherrschte er kein einziges Wort Dänisch; doch er teilte seine Kajüte mit dem Kartographen, dem Premierleutnant Johan Peter Koch, der gut deutsch sprach und ihm über die anfänglichen, äußerst lästigen Sprachschwierigkeiten hinweghelfen konnte.

Alle Männer mußten während der Fahrt Schiffsdienst tun, auch die Wissenschaftler. Mit Koch zusammen wurde Wegener zur zweiten Wache eingeteilt. Das hieß jeweils vier Stunden Wache, vier Stunden Freizeit. Immer abwechselnd. Und Wachdienst bedeutete härteste körperliche Arbeit!

Auf den Färöern kamen noch drei Eskimos dazu, die sich besonders um die mitgebrachten, etwa hundert grönländischen Schlittenhunde kümmern sollten.

Zu den Expeditionsteilnehmern gehörte auch ein Maler, Achton Friis hieß er. Interessiert beobachtete er den deutschen Wissenschaftler, der ihm wegen seiner außergewöhnlichen Tätigkeit besonders auffiel: *Ein schweigsamer Mann mit dem liebens-*

würdigsten Lächeln auf dem Antlitz kommt mehrmals am Tage aufs Oberdeck hinauf und liest sonderbare Instrumente ab, die in einem Schrank dicht bei der Leiter zum Deck stehen. Es ist Dr. Wegener aus Berlin, unser Meteorologe. Wenn man auf dem Oberdeck steht und ihn die Leiter heraufkommen sieht, erblickt man zuerst über der Luke einen Hut – wohl das Eigentümlichste, was man sich denken kann. Ich weiß selbst nicht, was das Wunderlichste daran ist, seine Form oder seine grüne Farbe. … Wenn man das Gesicht sieht, das dem Hut folgt, will man nicht glauben, daß Dr. Wegener ein Mann ist, der unten im Laderaum Sprengstoffe genug liegen hat, um 50 Walfängerboote unseres Typs im Laufe weniger Sekunden zum Meeresboden hinab zu senden. Ich denke an seine hundert großen eisernen Behälter mit komprimiertem Wasserstoff, der zur Füllung seiner Ballons dienen soll, wenn wir einmal an Land gekommen sind.

Gleich zu Beginn der Fahrt hatte Wegener damit begonnen, ein Tagebuch zu führen. Manches Blatt darin füllte er mit seinen Empfindungen, Erlebnissen und Schilderungen jener großartigen Naturwunder der Arktis, die er zum ersten Mal erlebte und die ihn zutiefst bewegten.

Langsam ging die Fahrt durch das hoch aufgetürmte Treibeis weiter nach Norden. Und dann war es soweit!

Am 15. August morgens versperrte ihnen festes Eis endgültig den Weg. Sie mußten umkehren. Vorher errichteten sie aber noch ein größeres Depot mit Proviant und Petroleum für spätere Unternehmungen. Abends dampften sie wieder nach Süden. Wegener selbst steuerte *unseren lieben alten Dickhäuter von Schiff (das von außen jetzt schon so aussieht, daß man sich geniert, es zu photographieren),* wie er seinem Tagebuch anvertraute.

So näherten sie sich einer kleinen Bucht westlich von Kap Bismarck, die als Hafen geeignet schien. «Danmarks Havn» tauften sie später die kleine Bucht, die nun zwei Jahre lang das Zuhause der Expedition sein sollte.

In den nächsten Tagen wurde die Ladung gelöscht: Proviantkisten, Kanister mit Benzin und Petroleum, Kohle, die Vielzahl wissenschaftlicher Instrumente und die Fertigbauteile für eine feste Hütte – die «Villa» –, die rasch zusammengesetzt wurde. In der Nähe errichteten sie eine meteorologische Station und ein Observatorium. Nun erst konnten die Wissenschaftler mit ihren eigenen Forschungsvorhaben beginnen. Schon einen Tag nach der Landung führte Wegener allerdings seine systematischen Wetterbeobachtungen durch, die er ab jetzt zu jeweils feststehenden Zeiten fortsetzte.
Bald wurde auch das Drachengepäck ausgeladen. Der erste Drachen wurde zusammengebaut, und am 1. September stieg er auf! Mylius-Erichsen war unterdessen mit neun Männern zu einer fast vierwöchigen Bootsfahrt aufgebrochen, um das umliegende Gebiet wissenschaftlich zu erkunden und um zu jagen. Das schonte die mitgebrachten Vorräte, denn die Hunde brauchten ständig zusätzliches Futter.
Eine Hauptaufgabe der Expedition bestand darin, die Küste zu kartieren. Auf den Bergen rings um die Station errichteten die Männer deshalb unter der Leitung Kochs kleine Steinpyramiden, die bei der Geländevermessung als Orientierungspunkte dienten. Sehr genau wurde auch eine Basisstrecke von zwei Kilometern für die weiteren trigonometrischen Vermessungen angelegt und exakt bestimmt.
Wegener war zwar als Spezialist mitgekommen, er verstand sich aber vor allem als Lernender. Fast alles, was nicht mit seinem Fachgebiet – der Meteorologie – zu tun hatte, war neu für ihn, und es war ihm ein tiefes Bedürfnis, alles um ihn herum genau kennenzulernen. Bewundernd beobachtete er zum Beispiel, welche selbstverständliche Autorität Koch ausstrahlte.
Abends notierte er seine Beobachtungen: *Ich beneide Koch um seine Wirksamkeit. Einmal ist die Aufgabe eine äußerliche, so daß man sieht, was man baut, und dann wird die Kartographie (ja mit Recht) als die Hauptaufgabe der Expedition angesehen,*

und er arbeitet infolgedessen mit allen Mitteln der Expedition, ihm stellen sich die besten Kräfte freiwillig zur Verfügung. Er ist aber auch wunderbar für diesen Zweck veranlagt. Selbst eine Bärennatur mit eisernem Körper, und dann diese unvergleichliche Energie, die ich wirklich bewundere. Die ganze Arbeit ist stets durchdacht. Wo es seine Arbeit durchzuführen gilt, kann er rücksichtslos sein, aber auch das bewundere ich. Ich glaube, ich kann viel von ihm lernen, in jedem Fall aber ist mir das Zusammenleben mit ihm einfach nützlich, da seine gewaltige Energie auch mich mit anspornt und immer aufs neue zur Arbeit bringt. Man ist in beständiger Versuchung, mit seiner Energie zusammenzuklappen und unzufrieden und tatenlos herumzusitzen … Ich lerne viel hier. Namentlich imponiert mir die außerordentliche Beweglichkeit der Expedition, die im schärfsten Gegensatz zur deutschen Südpolarexpedition steht, wo alles beim Schiff blieb. Mylius-Erichsen treibt sich nun schon etwa einen Monat westlich von uns in dem Fjord herum, Koch ist andauernd mit dem Motorboot unterwegs, wenn dies nicht zu andern Zwecken gebraucht wird, dazu spazieren dauernd Leute über Land zu Mylius-Erichsen, kurz, die Expedition hat einen Aktionsradius, der wirklich imponierend ist. Dabei kommen die Hauptbeförderungsmittel, Ski und Schlitten, noch nicht zur Anwendung. Natürlich darf man nicht verkennen, daß unsere Gegend wegen des dauernd guten Wetters, der im Sommer stets eisfreien Fjorde, alle diese kleinen Unternehmungen außerordentlich erleichtert. In Südpolargegenden dürfte das schwerer sein … Ich hoffe jedenfalls, hier so viel Selbständigkeit zu lernen, daß ich bei einer deutschen Expedition eine solche Rolle wie Koch spielen kann.

Während die anderen Expeditionsteilnehmer auf dem Schiff wohnten, zogen Wegener, Koch, der Botaniker Lundager und der Maler Bertelsen ins Winterhaus. Über ein Telefon – die Leitung war rasch gelegt – standen sie mit dem Schiff in Verbindung.

Für mich ist diese Expedition sicherlich äußerst wertvoll. Ich habe zwar schon früher über eine gewisse Art von Energie einigermaßen verfügt, ich möchte es hier des Gegensatzes halber moralische Energie nennen, hier lerne ich praktische Energie, Energie der Tätigkeit. Alle diese Dinge, die einem so unbedeutend erscheinen, also zum Beispiel das tägliche Waschen, das Beseitigen irgendeines störenden Elements, egal, was es sei – alle diese Kleinigkeiten, die das tägliche Leben zusammensetzen, sie sind es, bei denen man praktische Energie lernen kann.

Nun wurde es rasch kälter.

Am 20. September war das Wasser plötzlich zugefroren, und sie konnten das Schiff jetzt leicht zu Fuß über das Eis erreichen.

Zwei Tage später gelang Wegener endlich der erste Ballonaufstieg! Die Hülle des mit Wasserstoff prall gefüllten Ballons war mit Meßinstrumenten reichlich bestückt worden, und nach unsäglichen Mühen und einigen Pannen bei der Herrichtung glückte der Aufstieg schließlich. Sogar die Meßinstrumente funktionierten einwandfrei.

Wegener hatte noch wenig Erfahrung mit Erfrierungen. Die Kälteeinbrüche im Oktober kosteten ihn fast den linken Zeigefinger und das linke Ohr. Er lernte aber rasch, sich vorzusehen, zumal er draußen bei der Arbeit meist nichts von der Gefahr merkte und ihn oft erst die anderen auf weiße Flecken im Gesicht aufmerksam machen mußten.

Und er erlebte noch etwas anderes: Stimmungen! Er, der sonst so ausgeglichen wirkte. Und dies meist wegen unbedeutender Kleinigkeiten. Am 15. Oktober hatte er Kochs Uhr herunterfallen lassen; sie lief nun nicht mehr, was ärgerlich war, da er sie für bestimmte Messungen brauchte. Und obwohl ihm zwei Tage später der höchste Drachenaufstieg (auf 2400 Meter!) gelang und die Begeisterung groß war – sein Mißgeschick vermochte er auch jetzt noch immer nicht zu verwinden.

Am 28. Oktober begleitete Wegener den Expeditionsleiter Mylius-Erichsen auf seiner ersten Tour mit Hundegespannen. Wegener fand diese Schlittenreise *unglaublich interessant.* Im andauernden Hundetrab ging es rasch voran. Bei tiefem Schnee sprangen die Männer ab und liefen neben dem Schlitten her, um das Reisetempo nicht vermindern zu müssen. Wegener konnte sich dabei zum ersten Mal im Führen eines Hundegespanns üben. Er hatte Kochs Hunde bekommen und versuchte sein Bestes. Mylius-Erichsen beobachtete ihn genau und lobte ihn nach einigen Stunden aufmerksamer Beobachtung.

Wegener wußte nicht recht, wie ernst es dem Expeditionsleiter mit seinem Lob war. Aber stolz war er dennoch. Es machte aber auch Spaß mit den Hunden! Richtig dressieren konnte man sie, damit sie in einer bestimmten Ordnung liefen, auf Kommando stehenblieben oder losliefen. Und wie außerordentlich schnell diese intelligenten Tiere alles lernten!

Als sie zurückkehrten, mußten sie allerdings erfahren, daß ein heftiger Sturm in der Zwischenzeit ihre meteorologische Station fortgeblasen und alle Instrumente zerstört hatte! Auch das Drachenhaus war weitgehend vernichtet worden, das Observatorium zeigte sich fast gänzlich mit Schnee gefüllt.

Die Männer fluchten. Mühsame Reparaturarbeiten begannen.

Am 2. November sahen die Expeditionsmitglieder zum letzten Mal eine allerletzte Spur der Sonne am fernen Horizont. Dann umfing sie die Polarnacht.

Die Temperaturen sanken auf bis zu minus 35 Grad ab. Erneut mußten die Männer verschiedentlich auftretende Depressionen verkraften. *Bertelsen litt gestern und heute an einer ähnlichen Depression wie ich neulich. Es scheint also bis zu einem gewissen Grad eine Wirkung der anbrechenden Winternacht zu sein. Ein Mißgeschick gibt den Anlaß, und dann bekommt man einen moralischen Katzenjammer. Auch bei Koch hat ein Streit mit Mylius eine kleine Depression hinterlassen. Und wenn man auch in seinem Verkehr mit andern nichts davon merkt, so kann man doch aus tausend Kleinigkeiten sehen, wie er Mühe hat, seine Energie aufrechtzuerhalten. Bis zu einem gewissen Grad ist mir dies ein Trost, zu sehen, wie auch diese enorme Energie durch ein kleines Mißgeschick lahmgelegt werden kann. Jetzt haben wir es alle gehabt. Bertelsen ist seiner Natur nach mehr still leidend. Bezeichnend für Koch ist, daß er zu mir sagte, er hielte es für zweifelhaft, ob man mit seiner Energie den ganzen Winter durchhielte oder schließlich doch so weit herunterkäme, daß man den halben Tag im Schlafsack läge.*

Am 13. November brachen Mylius-Erichsen, Wegener, Koch, Gustav Gustavesen Thostrup, der Norweger Karl Johan Ring und der Grönländer Brönlund mit sechs Schlitten und 50 Hunden zu einer nicht ganz ungefährlichen Unternehmung auf. Ziel der etwa 600 Kilometer langen Fahrt durch die vollständige Finsternis war es, auf der Insel Shannon Briefe für die Heimat und einen offiziellen Expeditionsbericht über den bisherigen Verlauf zu deponieren, da die Insel ab und zu von Schiffen angelaufen wurde. Weiterhin sollten zwei amerikanische Lebensmitteldepots auf eine spätere Verwendung hin begutachtet werden. Koch, Wegener und Thostrup wollten getrennt von den anderen die Sabine-Insel erreichen, um dort erdmagnetische Messungen und geographische Ortsbestimmungen durchzuführen.

Der größte Teil der Reise erfolgte bei völliger Dunkelheit. Sie gehörte, wie Wegener später sagte, *zu dem Phantastischsten, was es auf Erden geben kann.* Im Tagebuch heißt es: *Sonst war es äußerst interessant, ganz allein in dieser Nacht zu fahren, wo man kaum einige 100 Meter weit sehen konnte. Lautlos gleitet der Schlitten über diese ebene Schnee- und Eiswüste dahin. Meist hatte ich den Eindruck, als führe ich über ein endloses Nichts hinweg. Ich mußte auf die eifrig arbeitenden 16 Hundehinterbeine sehen, um mich zu überzeugen, daß wir noch mit der gewohnten Geschwindigkeit über den Schnee dahinglitten. Der nächste Tag war nicht so erfolgreich. Wir kamen nur auf die andere Seite von Haystack. Rings um diese vorspringende Klippe liegt Schraubeis*[1]*, und es war eine harte Arbeit, hier durch-*

1 Von den Gezeiten am Ufer hochgetürmte Eisschollen.

zukommen ... Alle Augenblicke ging ein Schlitten in Stücke, und Brönlund, der einzige Grönländer von der Partie, hatte nicht wenig Arbeit, sie zu reparieren. Ich geriet mit meinen ungeduldigen Hunden, die hier besonders schwierig waren, oft in recht unangenehme Situationen. Mehrmals lag ich mit den Beinen unter dem Schlitten oder wurde geschleift, einmal liefen mir die Hunde davon, und ich konnte sie erst wieder einholen, als sie bei den vorderen Schlitten, die inzwischen Havarie gehabt hatten, angekommen waren. Schließlich trafen wir einen Bären. Brönlund und Mylius, die ganz vorn waren, liefen hin und schossen ihn, eine gute Ergänzung unseres Hundefutters. Ich half dann – zum ersten Male – bei der Abhäutung. Wir lagen mit den Zelten gut in Lee, aber man konnte an den Windstößen, die von Zeit zu Zeit den Abhang herunterkamen, gut merken, daß Sturm im Gange war. Mein Schlafsack wurde vom Schlitten heruntergeweht, und leider ging dabei der eine der beiden Elefantenkamikker verloren. Der andere hat mir gleichwohl in der Folgezeit gute Dienste geleistet ... Am nächsten Tag kamen wir wieder ins Schraubeis, dazu herrschte Schneetreiben. Bald war Mylius-Erichsen voraus, ich und Thostrup folgten ihm unmittelbar. Als wir pausierten, um die andern auflaufen zu lassen, kamen sie nicht. Mylius-Erichsen ging zurück, mußte aber konstatieren, daß unsere Spur verweht war. So waren wir getrennt. Glücklicherweise hatten wir drei, obwohl wir nicht zusammengehörten, Zelt und Proviant. Wir bauten das Zelt in Lee eines großen Steines auf, und als wir Kaffee kochten, kam zu unserer Freude die andere Partie, die uns durch Brönlunds Scharfsinn wieder gefunden hatte ...

Am 20. November trennte sich die Gruppe an der Insel Shannon; Mylius-Erichsen strebte ostwärts zu besagtem Depot, während Wegener, Koch und Thostrup sich nach Süden wandten.
Sie fuhren jetzt nicht mehr auf dem Land, sondern auf dem Eisfuß entlang der Küste. Der wurde jedoch zunehmend

unwegsamer, und deshalb mußten sie auf das Neueis ausweichen. Starker Rückenwind ließ sie jetzt rascher vorankommen. Koch fuhr weit vorn, Thostrup kaum sichtbar rechts von Wegeners Schlitten. Wegener beobachtete einige dunklere Stellen im Eis, über die er mit seinem Schlitten hinweghuschte. Hier schien das Eis dünner zu sein.
Plötzlich sah er eine schemenhafte Gestalt vor sich auftauchen, dunkel, brüllend und sich irrwitzig vor seine in voller Fahrt dahinstürmenden Hunde werfend.
Es war Koch, der mit sich überschlagender Stimme die Hunde und damit den Schlitten zum Stehen brachte. Gerade noch rechtzeitig. Wegener starrte ihn entsetzt an. Sie befanden sich direkt vor einer Wake, einer eisfreien Stelle. Koch war mit seinem Schlitten direkt hineingefahren! Das Gefährt steckte tief im eisigen Wasser, und die Ladung drohte schon durchzuweichen. Mit Thostrup versuchten sie, den Schlitten schnell aufs feste Eis zu ziehen, um das Schlimmste zu verhüten. Noch immer konnte das dünne Eis unter ihnen gänzlich zusammenbrechen, und das bedeutete bei dieser Kälte Lebensgefahr! Der Schlitten schwamm zum Glück so im Wasser, daß der vordere Teil der nach oben gebogenen Kufen über das Eis hinausragte. Sie konnten also gut zufassen. Aber jetzt begann der Schlitten langsam zu sinken! Das bisher aufgesogene Wasser vergrößerte die Last mehr und mehr. Und das überfließende Wasser gefror sofort am Schlitten und an ihren Stiefeln fest. Verzweifelt zogen sie, vergebens. Thostrup gelang es, den beiden anderen Männern ein Seil zuzuwerfen, das sie an den Kufen befestigten. Leicht war das nicht. Koch stöhnte in seinem nassen, gefrorenen Pelz. Und nun hieß es für Mensch und Tier: ziehen – langsam und vorsichtig. Und wieder brachen sie ein, zogen behutsam weiter und brachen erneut ein. Die Eisdecke war zu dünn, die Last wurde immer schwerer ... Es brauchte eine endlose Weile harten Kampfes, bis sie auf tragendes Eis stießen und den Schlitten endlich ganz heraufziehen konnten.

Koch sah furchtbar mitgenommen aus. Er hatte sich an den Schlitteneisen beim Ziehen die Hände verbrannt. Nun bekam er Blasen an den Innenseiten der Finger. Sie schmerzten höllisch. Sein Schlafsack war naß geworden; auch die Ladung und das Hundefutter hatten etwas abbekommen; der Werkzeugkasten war voll Wasser gelaufen, das gleich gefror. Unermüdlich arbeiteten die Männer sich weiter voran. Unter ihnen erschienen phantastisch aufleuchtende Seetiere, direkt aus der Finsternis. Eine seltsam unwirkliche Welt.

Zuletzt mußten sie die Schlitten auf dem dünnen Eis abladen und alle Teile einzeln aufs feste Eis transportieren; das Neueis war einfach zu unsicher geworden.

Es war sehr spät, als sie endlich ihr Zelt für die Nacht aufgeschlagen hatten und nach einer kargen Mahlzeit völlig entkräftet in die Schlafsäcke kriechen konnten. Wegener fand nur schwer Schlaf.

Am nächsten Tag sahen sie im diffusen Mondlicht, daß es hier überall verstreut Waken gab, so daß ein Weiterkommen unmöglich war. Sie mußten fast um die ganze Insel herumfahren, um über diesen Umweg an ihr Ziel zu gelangen.

Am 22. November erreichten sie schließlich Germaniahafen und schlugen neben dem mittlerweile zerstörten Observatorium, das eine deutsche Expedition seinerzeit zurückgelassen hatte, ihr Zelt auf.

Wieder begannen sie mit ihren Messungen; es war eine rechte Qual, diese bei der fortwährenden Kälte durchzuführen. Koch konnte nach seinem Unfall sogar im Schlafsack noch immer nicht richtig warm werden.

Ende November endlich begannen sie mit dem Rückmarsch, vereinigten sich später mit der Gruppe von Mylius-Erichsen und erreichten am 4. Dezember 1906 das Schiff und ihre Kameraden.

Diese Unternehmung konnte in ihrer Art als bislang einzig gelten: Es war die erste von Europäern durchgeführte Schlittenreise während der Polarnacht, und das auch noch außergewöhnlich schnell. Den Weg von 315 Kilometern hatten sie in nur fünf Tagen zurückgelegt! Wegener war dabei ein erfahrener Schlittenführer geworden.

In den folgenden Wochen erlebte Wegener die wunderbarsten Nordlichter – und er konnte sie sogar photographieren. Diese Polarlichter berührten ihn so sehr in seinem Innersten, daß er durch sie bestimmte Erkenntnisgrenzen wahrnahm und dabei tiefgreifende Fragen in ihm angeregt wurden. Später schrieb er einmal darüber:
Dort oben über uns entrollte sich die strahlende Draperie in geheimnisvollen Bewegungen, eine gewaltige Lichtsymphonie spielte in tiefstem, feierlichstem Schweigen über unseren Häuptern, wie um unserer Wissenschaft zu spotten: Kommt doch her und erforscht mich! Sagt mir, was ich bin!
Die allgemeinen Messungen wurden routinemäßig Tag für Tag fortgesetzt. Wegener versuchte trotz der Finsternis und ungünstiger Witterung einzelne Drachenaufstiege. Die Arbeit mit den Drachen und Fesselballons war damals für die arktischen Gebiete einmalig und gehörte mit zu den härtesten Anforderungen während der ganzen Expedition. Oft mußte Wegener feststellen, daß nach einem gut geglückten Aufstieg das Uhrwerk der Registriertrommeln, auf denen die Papierstreifen zur Aufzeichnung der Meßwerte befestigt waren, einfach stehengeblieben war. Folglich gab es auch keine Aufzeichnungen. Oder der Treibschnee hatte die Markierungen auf den Papierstreifen so sehr verwischt, daß die angezeigten Werte nicht mehr zu lesen waren.
Sehr genau, ja, fast nüchtern beobachtete er weiterhin die seelischen Auswirkungen der Polarnacht, die für alle eine andauernde Herausforderung darstellte.
15. Dezember. In der letzten Zeit hatte ich vielfach Gelegenheit, Beobachtungen über den durch die andauernde Nacht hervor-

gerufenen Energielapsus, sowohl bei mir selbst als bei andern, anzustellen. Es ist eine merkwürdige Sache damit. Es dreht sich alles um einen Punkt: man entbehrt Eindrücke. Welche Befreiung empfindet man, wenn man einmal zur Mittagszeit die Berge der nächsten Umgebung, wenn auch nur in Umrissen, erkennt, welche Unternehmungslust schöpft man aus einem einzigen solchen Anblick! Gestern mittag arbeiteten Koch und ich am Drachenhaus. Man sollte meinen, es wäre eine Erholung, bei stillem Wetter einmal eine Tätigkeit im Freien zu haben. Aber es war nicht der Fall. Alle Arbeit draußen im Dunkeln ist unangenehm, weil man nichts sieht. Es ist merkwürdig, bis zu welchem Grade das Verlangen nach äußeren Eindrücken geht. Mit dem allergrößten Interesse sieht man die Photos durch, die man selbst angefertigt hat, man blättert rastlos in allen möglichen Büchern. Man liebt die elende Petroleumlampe, die über dem Tisch hängt, und haßt alle Arbeit draußen in der Dunkelheit.

21. Dezember. In den letzten Tagen bin ich mörderlich energisch gewesen. Das scheint so periodisch zu gehen, ich habe aber den Eindruck, daß aller Energielapsus gänzlich vorüber sein wird, sobald sich Lichtzunahme bemerkbar macht.

22./23. Dezember. Heute habe ich bei totenstiller Luft – jetzt weht es schon wieder – lange Zeit draußen gestanden und die Stille der Polarnacht genossen. Wie sie kalt und schweigend daliegen, diese harten, von gewaltigen Naturkräften einst polierten Felsenhügel! Nichts regt sich, selbst das Meer liegt in eisiger Starre, überglitzert vom Mondschein, der mit Mühe durch einen Schleier von Eiskristallen dringt. So starrt die ganze Ostküste von Grönland in ihrer endlosen Erstreckung. Nur in dem schwarzen Fleck dort unten, der «Danmark», an deren Anblick mit den hohen, etwas nach Steuerbord überhängenden Masten ich mich so gewöhnt habe, herrscht Leben und Treiben, sonst Stille, nichts als Stille – Totenstille. Nur eine Naturkraft ist hier wirksam, sie arbeitet still, aber unaufhörlich, die Kälte. Ihr Ziel ist die Versteinerung der gesamten Natur. Langsam, aber unauf-

haltsam wachsen die Eiskristalle, und der rinnende Tropfen erstarrt. Selbst die Luft wird träger und träger. In diesem Augenblick scheint es, als ob das Werk gelungen wäre. Ein lebendes Tier in diesem Bilde käme mir wie etwas Undenkbares, Ungeheuerliches vor. Das Eis beginnt zu stöhnen und zu ächzen. Die Flut kommt. Noch dringt der Puls des Meeres hindurch durch diesen Eispanzer. Aber wird es der Kälte nicht gelingen, auch diesen Lebensquell zu erstarren? ... Die Hunde, durch irgend etwas aufmerksam gemacht, zerstören das Bild. Nun konstatiere ich auch, daß mir in meiner leichten Kleidung beinahe die Ohren erfroren sind, und die Poesie muß wieder der Realität weichen. Ich nehme mir aber vor, mir diesen Genuß von nun an öfter zu verschaffen. Dazu muß ich freilich allein sein, ganz allein.

Mit seinen wissenschaftlichen Ergebnissen war Wegener an Sylvester 1906 zufrieden: *Ich könnte für meine Person wohl mit den Resultaten ganz zufrieden sein. Die Einrichtung der meteorologischen Station ist mir nicht nur gelungen, sondern sowohl in instrumenteller Hinsicht wie in bezug auf Beobachtungen habe ich schon manches originelle Material, das sich sicher noch weiter vermehren wird. Die 24-Stunden-Beobachtung in der Tonne bildet etwas völlig Originelles, dessen Bedeutung wohl von allen Fachmeteorologen anerkannt werden wird. Die Drachen- und Ballonaufstiege im Herbst haben das gebracht, was man vernünftigerweise erwarten konnte. Die Maximalhöhe von 2400 Meter ist ganz respektabel. Leider versagte der Betrieb so gut wie ganz im Winter wegen Lichtmangels, doch hoffe ich bereits zur kältesten Jahreszeit wieder auf der Höhe zu sein, und die Erfahrungen dieses Winters werden hoffentlich dazu führen, im nächsten Winter wenigstens ein bescheidenes Programm zu ermöglichen. – Mit der Luftelektrizität ist es mir noch nicht vergönnt gewesen, etwas zu schaffen. Allein im Sommer müßte es wirklich sonderbar zugehen, wenn ich nicht zu luftelektrischen Messungen käme. Dagegen geht es ja einigermaßen mit den magnetischen Beobachtungen. Rechnet man dazu meine Teilnahme*

an dieser einzig dastehenden Schlittenreise zur Sabine-Insel in der Winternacht mit der originellen Messung am Germania-Hafen und meine, wie ich glaube, nicht schlechte photographische Ausbeute, so kann ich wohl zufrieden sein. Persönlich schätze ich von allem, was mir 1906 gebracht hat, diese beiden Sachen am meisten. Und ist dieser persönliche Maßstab nicht schließlich der allein maßgebende? …
Hier draußen gibt es Arbeit, die des Mannes wert ist, hier gewinnt das Leben Inhalt. Mögen Schwächlinge daheim bleiben und alle Theorien der Welt auswendig lernen, hier draußen Auge in Auge der Natur gegenüberstehen und seinen Scharfsinn an ihren Rätseln erproben, das gibt dem Leben einen ganz ungeahnten Inhalt.
Aber seinem Tagebuch vertraute er viel weiter reichende Pläne zukünftiger Unternehmungen an. In den folgenden Wochen sprach er verschiedentlich mit Koch darüber, dessen ausgewogenes Urteil er besonders schätzte.
17. Februar. Es ist merkwürdig, wie sehr mich der Gedanke an eine Südpolarexpedition gefangennimmt. Mein Plan ist gut und sehr wahrscheinlich durchführbar. Ich habe ihn oft mit Koch besprochen und bei ihm Zustimmung gefunden. Sollte es denn für Deutsche wirklich unmöglich sein, eine erfolgreiche Polarexpedition durchzuführen? Ich glaube, daß der Entschluß, mich an dieser Expedition zu beteiligen, entscheidend für mein Leben sein wird. Die Winternacht ist jetzt vorüber, und anstatt der Verhältnisse überdrüssig zu sein, glaube ich jetzt mehr denn je, daß ich bei der Fahne bleiben werde.
Wegener hatte sich den ganzen Winter über nützlich gemacht, die wissenschaftlichen Daten geordnet und aufgearbeitet, aber auch Schlafsäcke, Stiefel und Kleidung genäht. Und bei einem Trainingskurs hatte er unermüdlich das Hundeschlittenfahren und den Umgang mit der Peitsche geübt, um eventuell in die engere Auswahl derer zu kommen, die für die Nordreise in Betracht gezogen wurden.

Am 28. März, Gründonnerstag, war der Tag des Aufbruchs endlich gekommen. Die zehn Schlitten – mit je 250 Kilo bepackt – standen längs der Danmark. Die zehn Schlittenführer, einer von ihnen war Wegener, spannten ihre 86 Hunde vor, und dann ging es in vier Abteilungen los.

Wegener und Thostrup sowie eine andere Gruppe übernahmen als erstes die Aufgabe, Proviant für die Rückreise so weit wie möglich nach Norden zu transportieren. Auf dem Rückweg sollten sie dann die bislang unerforschte Küste kartographisch vermessen. Die beiden anderen Gruppen würden Ziele im Osten beziehungsweise Westen Nordgrönlands ansteuern; damit wäre dann die ganze Küste Grönlands einmal bereist worden.

Das Wetter war furchtbar. Auch der schlechte Untergrund setzte ihnen zu. Mehrmals zerbrachen Schlitten und mußten während eines so erzwungenen Aufenthaltes erst repariert werden. Notwendige Bärenjagden, um die Hundefuttervorräte möglichst zu schonen, und ein vieles zerstörender Sturm hielten sie zusätzlich auf. Wegener erfroren bei dem schlechten Wetter einige Fingerspitzen, und es blieben Blasen zurück.

Doch die Männer erlebten auch großartige Naturphänomene: einen ins Meer mündenden Gletscher vor schwimmenden Eisbergen, gewaltige Gletscherspalten und imposante Eisbildungen. Wegener gelang es hier als erstem Wissenschaftler, eine Luftspiegelung zu photographieren: Zwischen zwei Inseln erschien gespiegeltes Meereis, das unglaublich realistisch den Steilabfall eines großen Gletschers vortäuschte.

Erst nach drei Wochen wurde das Wetter besser. Plötzlich endete der Weg überraschend in großflächigen Waken, jenen Öffnungen in der Eisfläche, und schließlich im offenen Meer. Das Land lief in einem steil abfallenden Felsgebilde aus, auf dem Tausende von Seevögeln ihre Brutplätze hatten. Ein beeindrukkendes Bild! Die Männer tauften den bedrohlichen Steinklotz Sturmmöwenfels. Sie kamen kaum weiter und fanden nur mit Mühe einen kleinen Durchschlupf, um den hohen Felsen herum.

Vier Schlitten brachen dabei. Am Eis erkannten sie, daß hier das offene Meer im Sommer bis zur Steilküste heranreichte. Würden die anderen, die später an diese Stelle kamen, dann in einer Falle sitzen?
Eine Gruppe, die Proviant transportiert hatte, kehrte am 13. Mai, nach 47 Tagen Reise, zum Schiff zurück.

Bärenjagd

Wegener und die anderen zogen weiter, immer noch nordostwärts. Schließlich erreichten sie das Nordostkap von Holms Land und einen Fjord, den sie kartierten. Während Wegener die reichlich vorhandenen Fossilien sammelte, untersuchte Mylius-Erichsen voller Begeisterung die Vielzahl alter Spuren von früheren Bewohnern dieses Landstrichs: Die Eskimos hatten Ruinen, Fleischgruben und Fallen zurückgelassen. Die Männer fanden auch noch verschiedene Speere und Messer, Schlittenteile, ja sogar Kinderspielzeug. Das alles packten sie in einem Depot zusammen, um es später auf dem Rückweg mitzunehmen.

Der Proviant ging langsam zur Neige. Sie hatten nur noch Nahrung für etwa 17 Tage. Also mußten sie allmählich an die Umkehr denken. Zwar gelang es ihnen, noch einen streunenden Bären zu schießen, aber am 26. April war endgültig der Zeitpunkt für Wegener und Thostrup gekommen, nicht mehr mit den anderen weiter nach Norden vorzustoßen, sondern die Rückreise anzutreten. Sie tauschten einige ihrer besseren Hunde gegen schwächere der anderen beiden Gruppen aus, und Wegener gab seinen Schlitten für den etwas lädierten des Kameraden Bertelsen her; dann brachen sie nach einem kleinen Abschiedsfest auf.

Etwa 500 Kilometer bis zum Schiff mußten sie überwinden. Den neu entdeckten Fjord wollten sie aber unbedingt noch topographisch aufnehmen und weitere wissenschaftliche Vermessungen durchführen. Nicht alles schafften sie, da der knapp bemessene Proviant sie Kräfte kostete. So hing der wissenschaftliche Erfolg ihrer Reise nun ganz davon ab, wieviel Fleisch sie durch Jagd gewinnen konnten. Ende April hatten sie nur noch für zwei Tage Hundefutter! Langsam wurde es brenzlig.

In seinem Tagebuch schilderte Wegener:

30. April. Gestern ein Glückstag. Vorgestern abend bemerkten wir zu unserem Schrecken, daß wir eine Dose Fett statt Pemmikan mitgenommen hatten. Das bedeutete einen Tag Hundefutter weniger. Ich überredete Thostrup, der eigentlich nichts von Jagd wissen wollte, mich gestern auf Jagd gehen zu lassen, während er die Detailmessung unserer Station ausführte. Mittagsbreite und Azimut hatten wir noch gemeinsam gemessen. Ich schoß drei Hasen und sah frische Spuren von vier Moschusochsen. Nach langem Herumstreifen entdeckte ich die Tiere selbst mit dem Fernrohr. Lange, aber sehr interessante und spannende Jagd. Hing doch alle unsere Arbeit hier von dem Erfolg ab, namentlich die Geologie, die ohne Jagd ganz fortfallen mußte. Übrigens sind die Tiere auch interessant zu sehen. Das Schießen geniert sie nicht, sie bleiben ruhig stehen und sehen sich erstaunt um und brüllen, wenn sie eine Kugel bekommen. Sobald man aber aufsteht und sich nähert, reißen sie im Galopp aus. Das Kalb fällt und bleibt liegen. Die andern laufen um einen kleinen Vorsprung herum, wo ich sie wieder zu sehen bekomme. Aber ich habe nur noch zwei Patronen. Die eine bringt den alten Ochsen zum Niedersitzen, die andere schoß ich auf die andern ab. Dann lief ich zurück zu Thostrup, der noch stand und maß, aber das Gewehr parat hatte. Er war nur etwa 15 Minuten entfernt. Als wir zurückkamen, sahen wir nur zwei Tiere, das eine liegend, das andere stehend an seiner Seite. Es waren Männchen und Weibchen. Wo ist nun der vierte? Wir häuteten und zerlegten gleich das Jungtier und gaben den Hunden ein kräftiges Futter, bestehend aus drei Hasen, dem Rest unseres Bärenfleisches und dem Moschuskalb mit Ausnahme der Beine, die wir für uns selbst reservierten. Heute haben wir nun die beiden Alten abgehäutet und zerlegt und die Hunde mit den Eingeweiden und Abfällen gefüttert, während alle guten Fleischstücke zurückgelegt wurden. So haben wir Hundefutter für sechs Tage. Das Häuten und Zerlegen der beiden alten Tiere sowie Anlegen eines Fleischdepots, Transport eines Teiles des Fleisches zu dem 150 Meter tiefer liegenden und etwa eine halbe Stunde entfernten Zelt, Heraufholen der Hunde, Hundemahlzeit, Wiederhinunterschaffen der Hunde – das alles hat den ganzen Tag in Anspruch genommen und war dabei harte Arbeit.

Jetzt konnten sie ihre wissenschaftlichen Untersuchungen fortsetzen. Sie zogen weiter. Am 5. Mai erreichten sie den Sturmmöwenfelsen, die engste Stelle ihrer Route. Inzwischen war der Schlitten, den sie getauscht hatten, an mehreren Stellen gebrochen und ließ sich kaum noch reparieren. So konnte Wegener nur einen Teil – immerhin noch eine größere Kiste voll – der deponierten Versteinerungen aufladen.

Langsam, sehr langsam ging es weiter. Allmählich wurden nun sogar ihre eigenen Essensvorräte knapp. Das nächste Depot erreichten sie gerade noch mit dem letzten Zipfel einer Erbswurst, die ihnen übriggeblieben war!

Sie wollten jetzt den zweiten Fjord am Südende der Hovgårds Insel kartieren und näher erforschen. Als sie schließlich am 9. Mai aufbrachen, stießen sie nach einiger Zeit plötzlich auf frische Bärenspuren. Diesmal nahmen sie sofort die Verfolgung auf. Es war ein faszinierendes, in diesem Fall jedoch auch sehr gefährliches Unterfangen.

9. Mai. Noch am 6. abends, nach der 6-Uhr-Zeitbestimmung, brachen wir auf. Es war unsere Absicht, bis um 3 oder 4 Uhr in den Fjord hineinzufahren. Nach vier Kilometern (ich fuhr diesmal voran) kreuzten wir eine Bärenspur. Als wir haltmachten, um sie zu untersuchen, sah Thostrup mit seinen ausgezeichneten Augen in der Ferne zwei Bären. Auch ich konnte sie bald mit dem Fernglas erkennen. Sie kamen offenbar langsam auf uns zu. Wir fuhren in gerader Richtung auf sie weiter. So kamen wir bald so nahe, daß wir sie mit bloßem Auge gut sehen konnten. Nun machten wir halt, lösten alle Hunde, die noch nichts bemerkt hatten, nahmen unsere Gewehre und gingen den Bären entgegen. Plötzlich sah ich halblinks vor uns einen dritten, der uns viel näher war. Wir nahmen Kurs auf ihn. Bald sahen die Hunde ihn und erwiesen sich nun als ausgezeichnete Bärenhunde. Sie waren bald bei ihm, aber der Bär setzte Galopp auf und riß aus. Als er an eine größere Schraubung kam, machte er halt und stellte sich mit dem Rücken gegen eine Eisscholle auf, hin und wieder einen Ausfall gegen die Hunde machend und fortgesetzt brummend. Es ist sehr interessant, so einen Bären aus unmittelbarer Nähe zu betrachten. Alle seine Bewegungen werden mit einer so starren Kopfhaltung ausgeführt, daß es aussieht, als mache er sie vollkommen geistesabwesend. Wir kamen bis auf etwa 20 Meter heran. Es war schwierig, zum Schuß zu kommen, ohne einen der Hunde zu treffen. Thostrup erlegte den Bären durch einen Schuß mitten in die Stirn, genau wie ich mit meinem ersten Bären. Es scheint dies die beste Stelle zu sein. Inzwischen waren die beiden andern Bären wieder etwas näher gekommen. Sie waren offenbar sehr miteinander beschäftigt. Wie sich später herausstellte, war es ein großer alter Herr mit einer ziemlich kleinen, offenbar jungen Dame, also ein Liebespaar. Es gelang uns, einen Teil der Hunde von dem ersten Bären, den sie natürlich gleich zu fressen anfingen, fortzulocken, und bald hatten sie die beiden andern Bären entdeckt – mein «Sven» war der erste – und sausten im Galopp auf sie zu, während die Bären stehenblieben, um verwundert auf diese Geschöpfe zu blicken, die es wagten, sich ihnen freiwillig zu nähern und sogar Miene zu machen schienen, anzugreifen. Endlich schien es ihnen allzu bedenklich, und sie kniffen im Galopp aus. Die Hunde teilten sich – einige schwenkten etwas ab und nahmen Kurs auf den vordersten, ohne sich um den andern zu kümmern, während der andere

Teil bald den letzten zum Stehen brachte. Immerhin war es auf dem kilometerweit ebenen Terrain nicht leicht, die Bären zum Stehen zu bringen, und es währte schier endlos lange, bis wir selbst, in dem weichen Schnee überall einbrechend, näher kamen. Der zweite Bär machte sich durch einen energischen Ausfall Luft und setzte nun in gestrecktem Galopp dem andern nach, der ein gutes Stück vor ihm durch die Hunde festgehalten wurde. Hier fuhr er in die Hunde hinein, die diesen Überfall im Rücken nicht erwartet hatten. Einer von Thostrups Hunden wurde in die Luft geschleudert und erhielt eine üble Wunde im Rücken. Durch die Ablenkung der Hunde bekam der erste Bär Luft, und beide sausten nun auf eine Schraubung zu, die ihnen Rückendeckung bot. Hier erreichten wir sie. Leider kosteten sie uns viele Patronen. Es war nie möglich, den Kopfschuß anzubringen, da wir befürchten mußten, dabei einen der Hunde zu treffen. – Es war eine anstrengende, aber lohnende Jagd gewesen. Drei ausgewachsene Bären im Laufe einer halben Stunde! Es dauerte lange, bis wir unsere Hunde zu den Schlitten zurückgelockt hatten. Wir fuhren unverzüglich zum Depot zurück, errichteten das Zelt und fuhren dann nach einem in Hast eingenommenen kalten Frühstück mit leeren Schlitten hinaus, um die Bären zu holen. Ich machte gerade eine Aufnahme von ihnen, als Thostrup einen anderen Bären in ziemlicher Entfernung auf uns zukommen sah. Sollten wir auch den haben? Wir lösten die Hunde und machten die Gewehre klar, aber der Bär hatte wohl etwas gemerkt und machte sich schleunigst aus dem Staube. Bei dem weichen Schnee war es aussichtslos, ihn einzuholen. Wir luden die andern Bären auf die Schlitten, da sahen wir den neuen in größerer Nähe. Jetzt war es klar, daß er uns gewittert hatte und zu uns hin wollte. Wir warteten ganz ruhig ab, da entdeckte ihn «Sven» und setzte im Galopp auf ihn zu, gefolgt von drei bis vier anderen Hunden. Nun war es Zeit für uns, und wir sputeten uns, so müde wir waren, so schnell wie möglich näher zu kommen. Es war dasselbe Bild wie früher.

Der Bär bleibt verwundert stehen, kommt dann aber im Bewußtsein, daß es kein Lebewesen auf Grönlands Eismarken gibt, das man nicht fressen kann, sogar noch näher, bleibt dann aber doch bedenklich stehen und rennt endlich mit einem Vorsprung von vielleicht 100 Metern im Galopp davon. Er wird eingeholt und umzingelt, aber wieder und wieder bricht er durch. Auch jetzt ist es schwierig wegen der Hunde, den Kopfschuß anzubringen. Es war wieder ein großer Bär, wir mußten ihn für heute liegenlassen. Wir fuhren mit den andern dreien zurück und begannen sie abzuhäuten und zu zerlegen. Das ist eine große Arbeit für zwei Mann! Die Zeit verging, und als wir fertig waren, das Fleisch in ein provisorisches Depot gelegt und die Hunde gefüttert hatten, war es 6 Uhr abends, 36 Stunden, nachdem wir aus dem Schlafsack gekrochen waren! Wir waren aber auch unglaublich müde.

10. Mai. Gegen Mittag fuhr ich mit dem leeren Schlitten hinaus, um den letzten Bären zu holen. Reizvolle Fahrt im Sonnenschein, vier Robben ziemlich nahe gesehen, ein Loch im Eise näher besichtigt. Es ist immer kreisrund mit zirka 35 Zentimeter Durchmesser, nach unten breiter werdend, offenbar mit viel Mühe mit den Zähnen hindurchgebissen. Es zeigte sich, daß der Bär viel größer war als der größte der drei anderen. Es wollte und wollte nicht gelingen, ihn auf den Schlitten hinaufzuziehen. Schließlich wälzte ich ihn seitwärts auf den neben ihm eingegrabenen Schlitten. Schlimmer noch war die Bahn. Fast alle fünf Meter sank der Schlitten durch die nur leicht überfrorene Schneeoberfläche hindurch und verschwand nicht selten ganz darunter, so daß der Bär direkt auf dem Schnee zu schwimmen schien. Es kostete endlose Mühe, jedesmal den Schlitten auszugraben oder zu heben und die Hunde zum Ziehen zu bringen, und wenige Sekunden später saß man schon wieder drinnen. Obschon der Bär nicht weiter als fünf Kilometer entfernt lag, kam ich erst gegen 6 Uhr zurück. Thostrup empfing mich mit der unangenehmen Nachricht, daß er sich einen Finger fast völlig

zerquetscht hätte. Bei der Herstellung des Fleischdepots war ihm ein großer Stein darauf gefallen. Die Wunde sieht böse aus. Hoffentlich gibt es keine Eiterungen.
Das Wetter wurde schlechter: Schneefall, Wind und dichter Nebel. Vermessungen waren teils unmöglich, mitunter nur noch unter größten Anstrengungen durchführbar. Erneut plagte sie Proviantmangel. Aber sie kamen voran.
Am 16. Mai entdeckten sie eine Insel, die sie Lynn-Insel nannten, und kartierten während einer 72 Kilometer langen Umrundung sieben Gletscher!
Zwischenzeitlich waren Wegeners Hunde einmal in Richtung Land durchgegangen und mit dem ganzen Schlitten samt Schlafsack und Schlittenführer im Galopp ins Flutwasser gelaufen. Alles war naß geworden, und so mußte Wegener ganz erbärmlich frieren, besonders an den Füßen in seinen nassen Kamikkern, wie die Pelzstiefel genannt wurden.
Später beschlossen sie – nicht ganz ohne Risiko und kühn von ihrer normalen Route abweichend – einen mehr als 40 Kilometer messenden unbekannten Gletscher, einen gewaltigen Ausläufer des Inlandeises, zu überqueren. Sollten sie jedoch umkehren müssen, würde ihr Proviant nicht mehr reichen, und ab einer bestimmten Stelle würde eine Rückkehr sogar gänzlich unmöglich sein.
Am 19. Mai fuhren die Männer auf den Gletscher hinauf. Es wurde schlimmer als erwartet. Viel schlimmer! Schon bald versperrten ihnen zahlreiche tiefe Spalten den Weg, und sie mußten erst mühsam eine neue Route finden. Als sie die Höhe des Inlandeises endlich erreicht hatten, waren sie und die Hunde völlig erschöpft. Thostrup kümmerte sich um die jaulenden und hechelnden Tiere, die ihre Schnauzen auf die Pfoten oder das blanke Eis legten.
Doch sie begannen bald die Durchquerung, vorbei an wunderbaren Gletscherzungen, zackigen Graten – geheimnisvoll schillernd in der wechselnden Beleuchtung. Unsicher, wo sie waren

und ob wirklich in südlicher Richtung das Depot lag, wie sie vermuteten, hielten sie Stunden später auf der Höhe des Gletschers an, um diese einmalige geographische Lage wissenschaftlich auszunutzen. Von ihrem Standpunkt aus vermaßen sie trigonometrisch alle charakteristischen Bergformationen um sie herum, obwohl ihr Zustand äußerster Erschöpfung dies eigentlich kaum noch zuließ.
Schließlich gerieten sie in ein mächtiges Bruchsystem mit Spalten, die bis zu 30 Metern breit und 15 bis 20 Meter tief waren. Mühsam erkundeten sie einen möglichen Weg, befanden sich aber immer noch etwa 30 Kilometer von ihrem nächsten Ziel entfernt, dem Depot an der Ostecke von Lamberts Land. Erst am 21. Mai erreichten sie es, von den Strapazen und Entbehrungen gezeichnet. Im Depot erwarteten sie allerdings wunderbare Dinge: Proviant in Fülle, Hundefutter, Petroleum und sogar Tabak.
Nach den großartigen Erlebnissen ihrer bisherigen Erkundungen empfand Wegener den Rückweg von 300 Kilometern – auf bekannter Route, mit mehreren Depots gut gesichert – als sehr langweilig. Er wollte lieber Neues sehen und erforschen, wenn die Reise schon solche Entbehrungen forderte. Und er ärgerte sich darüber, in dem neuentdeckten Fjord nicht photographiert zu haben.
22. Mai. Morgens Abreise von Kap Bergendahl, jetzt auf derselben Route, die wir von Süden heraufgekommen sind. Solch eine Rückreise ist doch etwas Langweiliges. Man sollte sich immer so einrichten, daß man nur einmal dieselbe Strecke passiert. Man hat alle Arbeiten und (teils unnötige, siehe zu wenig Proviant!) Entbehrungen einer Schlittenreise, ohne doch dabei etwas anderes auszurichten als nach Hause zu gehen. Wenn wir wenigstens noch Jagd bekämen! Aber hier auf dem Inlandeis läuft natürlich keine einzige Bärentatze herum. Ich bin auch ärgerlich darüber, daß ich in dem neuentdeckten Fjord gar nicht photographiert habe. Aber Thostrup war so ängstlich besorgt um unsere Zu-

kunft, daß ich nicht gern haltmachen wollte. Auch war das Wetter ja scheußlich die ganze Zeit über. Die Hauptsache war aber doch, daß ich überanstrengt und verhungert war. In solchem Zustand spart man sich natürlich alle freiwillige Arbeit. An dem einen Tag war es auch wirklich schlimm mit meinem rechten Auge. Immerhin lerne ich aus all dem. Man muß sich beim Reisen Zeit lassen auszuschlafen; die Reise soll nicht länger als sieben Stunden dauern, aber hurtig gehen (daher muß ein Grönländer vorfahren). Rechnet man dann mit sieben Stunden Schlaf, so bleibt reichlich Zeit für Trocknen, Reparieren usw. So wie Thostrup und ich reisen, haben wir niemals Zeit für letzteres. Meine Hundegeschirre kann ich nicht in Ordnung bringen, weil wir zu wenig Zeit am Zeltplatz haben. Wir reisen viel zu langsam. Ferner muß man rechtzeitig Proben anstellen, wie man das frische Fleisch zubereiten soll, damit es genießbar wird, sonst geht zu viel Proviant verloren. Erbswurst und Pemmikan ist der beste Proviant, davon sollte reichlich vorhanden sein. Der Proviant sollte überhaupt reichlich sein. Soviel wie man gerade essen kann, ist gerade genug. Es ist schon schlimm genug, daß man nur zweimal täglich essen kann. Man sollte systematisch täglich Taschenproviant haben. Tabak halte ich jetzt für beinahe unentbehrlich …

Dann begannen die Probleme mit Wegeners Schlittenhund, den er zu Beginn der Fahrt gegen seinen besseren getauscht hatte. Das Tier war sehr mager geworden, zudem auch mittlerweile blind und taub. Weiterhin fehlten ihm inzwischen alle Zähne. Er trug einen etwas seltsamen Namen:

«Gamle Ajungpok» (zu deutsch: das alte Elend) ist heute zweimal gefallen und mußte auf dem Schlitten liegen. Ich will aber versuchen, ihn bis zum Depot mitzunehmen. Da müssen wir doch einen Ruhetag machen, vielleicht erholt er sich dann. Sonst müssen wir ihn erschießen. – Die Spalten und Gletscherbrüche waren soweit sehr interessant. Die Hunde fielen mehrmals in die Spalten, konnten aber wieder heraufgezogen werden. – In der

letzten Nacht habe ich drei Stunden geschlafen, diesmal werden es vielleicht fünf werden.
Doch alle Sorge half nicht.
25. Mai. Nach einer sehr langen Tagesreise (46,2 Kilometer, zwölf Stunden) am Depot angelangt. Hunde sehr erschöpft. Ajungpok tot. Menschen von der Sonne stark verbrannt und etwas überreizt. Unser Weg führte uns durch zahllose große Spalten und Täler im Inlandeis, das unmittelbar bis an die Depotinsel heranreicht.
Er war neben Wegener – von ihm gehalten – auf dem fahrenden Schlitten gestorben.
Sie begruben ihn in einer Spalte des Meereises.
Die letzten Tage ermöglichten bei gutem Wetter eine fast bequeme Reise. Am 31. Mai 1907 erreichten sie nach 65 Tagen wieder ihr Basislager am Danmarks Havn.

Langsam kam der Sommer und brachte den Schnee und das Eis allmählich zum Tauen.
Noch immer wartete man besorgt auf Kochs Abteilung. Wann würden sie heimkehren? Oder wären die Männer gezwungen, jenseits des Berges zu übersommern, weil ihnen das offene Wasser am Vogelfelsen den Weitermarsch vereitelte?
Da tauchten die drei Männer plötzlich auf. Und sie brachten gute Nachrichten, denn es war ihnen gelungen, bis zur Nordspitze Grönlands vorzudringen! Nach der 2000 Kilometer langen Schlittenreise hatten sie also das Hauptziel der Expedition erreicht: Jetzt war die ganze Küste von Nordostgrönland in groben Zügen kartiert; ganze sechs Breitengrade hatten sie neu erobert im Anschluß an den bislang von Forschern erreichten nördlichsten Punkt. Eine großartige Leistung!
Doch wie war es ihnen ergangen?
Ende April hatten beide Gruppen den östlichsten Punkt Grönlands erreicht und umrundet. Hier trennten sie sich. Mylius-Erichsen wandte sich mit seinen Begleitern nach Westen, Koch

mit seinen Leuten nach Nordwesten. Zwei Tage später überschlug er, wie lange die Vorräte noch reichen würden, und halbierte daraufhin kurzerhand die Rationen. So würden sie ihre Aufenthaltsdauer auf etwa 17 Tage verdoppeln können, wenn sie nicht aufgehalten würden.
Für die Hunde war es besonders schlimm. Ausgemergelt schleppten sie sich über das von Spalten zerwühlte Eis und fraßen alles, was ihnen vor die Schnauze kam, sogar Schlittenbänder und Zelttaue, mitunter sogar den eigenen Kot. Es gab bald erste Überlegungen, im Notfall einige Hunde zu schlachten, falls die Männer nicht auf Jagd gehen könnten. Doch sie hatten Glück und entdeckten einige Zeit später eine Moschusherde. 17 Tiere wurden erlegt – die Zukunft war gesichert.
Am 12. Mai erreichten sie Pearys Warte (nahe Kap Clarence Wyckhoff). Hier also hatte vor sechs Jahren der berühmte Forscher Quartier bezogen! Es ging allen recht nahe, und sie dachten stumm an die Menschen, die ihnen damals bis hierher den Weg schon vorbereitet hatten. Und gemäß altem Expeditionsbrauch nahm Koch dessen Bericht – gut gesichert – an sich und legte seinen eigenen an die Stelle.
Am 15. Mai 1907 waren sie am Ziel, am nördlichsten Punkt Grönlands!
Die Rückreise war beschwerlich. Einmal verloren sie fünf Hunde, die über einen mehr als 500 Meter hohen Abhang stürzten. Bertelsen war erkrankt, wohl aus Schwäche. Auch Koch war maßlos erschöpft und bekam Fieberanfälle. Dennoch führten sie jeden Tag viermal ihre wissenschaftlichen Messungen durch.
Am 27. Mai stießen sie gänzlich unerwartet auf Mylius-Erichsens Gruppe, die ihnen entgegenkam! Die Mannschaft wollte noch einige Tage die westlichen Gebiete erkunden. Kochs Abteilung reiste zügig zurück, Richtung Süden – heimwärts. Unterwegs erbeuteten sie einige Seehunde, einen Bären und ein Walroß, die sie als Fleischdepot für die andere Gruppe zurückließen. Der Weg um den Vogelfelsen schließlich war recht

gefährlich und ein Abenteuer für sich. Aber sie kamen durch, wenn auch knapp.
Die Wochen vergingen, ohne daß Mylius-Erichsen mit seiner Gruppe eintraf. Hatte ihnen das offene Wasser den Weg versperrt? Dann würden sie auf den nächsten Winter und das Eis warten müssen. Und vorher war Hilfe auch nicht möglich. Die Männer machten sich sorgenvoll an ihre tägliche Arbeit und setzten ihre Forschungen den ganzen Sommer lang fort: Pflanzen, Tiere und Steine wurden gesammelt und gaben nach und nach auch ihre Geheimnisse preis.
Koch saß den ganzen Tag in der «Villa» über Papieren und wertete die umfangreichen Messungen der großen Nordfahrt aus. Nebenher führte er astronomische Beobachtungen durch.
Wegener konnte wieder seine Ballon- und Drachenaufstiege starten. Allmählich hatte man sich an diese merkwürdigen Gebilde gewöhnt, die dauernd über ihnen schwebten. Am 3. August erreichte Wegener mit einem Ballon eine Höhe von 3110 Meter; nie zuvor hatte er einen solchen Aufstieg in der arktischen Region geschafft, und es sollte auch insgesamt sein höchster bleiben.

Die Hilfsexpedition

Es wurde Herbst. Die Kälte nahm wieder zu.

Im September kamen die Vorbereitungen für eine Hilfsexpedition zur Suche der vermißten Kameraden zum Abschluß. Sie bestand aus zwei Gruppen: einer Haupt- und einer Hilfsabteilung mit je vier Schlitten. Am 22. September brachen beide Gruppen auf.

Wegener nutzte die nun folgende Zeit, um auf der gegenüberliegenden Seite der Divebucht eine zweite Station für meteorologische Messungen aufzubauen. Als Standort wählten sie eine kleine Bucht südlich des großen Gletschers: Pustervig. Im Oktober bauten sie zu fünft das kleine Haus, das drei Männern eine Übernachtungsgelegenheit bot. Die Tage vergingen.

Fast vier Wochen später, am 18. Oktober, kehrte die Hilfsabteilung der Suchexpedition zurück, mit schlechten Nachrichten. Eine unwegsame Schlittenbahn sowie Packeis und anhaltender Schneefall hatten sie zur Umkehr gezwungen, so daß die andere Gruppe allein weiterziehen mußte, viel früher als geplant.

Jetzt wurde die neue Meßstation mit Geräten ausgestattet. Freuchen war ausgewählt worden, im Winter die Instrumente zu bedienen und die wissenschaftlichen Daten zu sammeln. Am 25. Oktober brach er zu seinem neuen Domizil auf.

Wegener, Koch und Bertelsen untersuchten in diesen Tagen etwas ganz Besonderes, ein wahres Naturwunder. Zwei der Männer, Lindhard und Bertelsen, hatten es schon im August zufällig entdeckt, als sie nämlich nördlich des Hafens, oben in den

Bergen im Firneis, ein gähnendes Loch sahen, ein Gletschertor, aus dem Wasser hervorsprudelte. Sie waren hineingekrochen und standen plötzlich tief ergriffen in einer riesigen, bizarr glitzernden, in vielfach gebrochenen Farben glühenden Kathedrale aus Eis, einer wunderbaren Eishöhle zwischen Licht und Finsternis. Sie gaben ihr den Namen Gnipahöhle. Nun vermaßen sie die Hohlräume und erkundeten ihre Entstehung und die Eisschichten. Sie war etwa zwei Kilometer lang und 8 bis 15 Meter hoch. Wegener gelangen trotz größter technischer Schwierigkeiten beeindruckende Photos dieses Wunderwerks.
In den letzten Tagen des Monats begann für die Männer wieder die Zeit der ständigen Finsternis: die zweite Polarnacht.

2. November, abends.
Zuerst bemerkten sie nur Schemen in der Dunkelheit.
Dann konnten sie etwas mehr erkennen.
Endlich! Da waren sie. Die drei Männer von der Hilfsexpedition kehrten zurück.
Koch lief ihnen entgegen und stützte Thostrup, den die Kräfte jetzt zu verlassen drohten.
Es war der zermürbendste aller ihrer Märsche gewesen. Schritt für Schritt, elend langsam hatten sie sich vorwärtsschinden müssen, mit viel zu wenig Proviant und sehr schwachen Hunden, deren verletzte Pfoten an jedem Lagerplatz blutige Spuren hinterließen. Als sie endlich den gefährlichen Vogelfelsen erreicht hatten, standen sie vor offenem Wasser. Alles umsonst!
Es gab kein Weiterkommen mehr. Sie mußten umkehren.
Von den Vermißten hatten sie keine einzige Spur gesehen, keine Nachricht erhalten. Nichts.
Die Männer schwiegen.
Alle Hoffnungen hatten sich mit einem Schlag aufgelöst.
Noch am gleichen Abend zogen Wegener, Koch und zwei weitere Kameraden nach Pustervig, um dort neun Tage lang wissenschaftliche Untersuchungen durchzuführen.

Die Sorge um Mylius-Erichsens Gruppe blieb ihnen – in Herz und Knochen. Nur durch rastlose Tätigkeit und unermüdliche wissenschaftliche Arbeit konnten sich die Männer einigermaßen vor einer jetzt um sich greifenden Depression schützen.
Der zweite Polarwinter war verstärkt von Entbehrungen gezeichnet. Die Jagd fiel schlecht aus. Ein Teil der Hunde – die schwächeren – mußte sogar getötet werden, um an die anderen verfüttert zu werden. Zwei Schlittenreisen mußten die Hunde auf jeden Fall noch durchhalten: eine Nordfahrt, um das Schicksal der Verschollenen zu erkunden, und eine Fahrt zu den angelegten Depots, um zu ermitteln, ob eine womöglich durch die Eisverhältnisse erzwungene dritte Überwinterung überhaupt denkbar wäre.
Die Stimmung im Lager blieb insgesamt schlecht.
Wegener hatte für sich nicht genug zu tun; er wünschte, wieder die Hundepeitsche in die Hand nehmen zu können. Da beflügelten neue Ideen seine Phantasie:
Da kommt mir nun der Gedanke, im Fall es nichts mit meinen Südpolarplänen wird, so könnte man eine Durchquerung Grönlands durchführen. Das würde nicht soviel kosten und auch nur wenig mehr als ein Jahr in Anspruch nehmen ... Wenn man sich im Sommer mit einem Fangschiff auf Shannon absetzen läßt, so könnte man im Herbst Ardencaple-Inlet kartographieren. Wenn sich dort kein passender Aufgang auf das Inlandeis findet, wählt man im Frühjahr nach der Überwinterung einen unserer jetzt festzustellenden Aufstiegspunkte, vielleicht beim Teufelskap. Man hat Februar und März, alles dorthin zu schaffen, April für den Aufstieg und den Mai, Juni und Juli für die Reise. Mit Zugschlitten à la Nansen habe ich 100 Tage gerechnet. Man wird aber mit Hundeschlitten nur etwa die Hälfte brauchen, jedenfalls nicht über zwei Monate. Als Begleiter könnte man vielleicht unsern Grönländer Hendrik und einen Europäer mitnehmen. Hendrik müßte dann die 30 Hunde besorgen und das nötige Pelzwerk und den Transport übernehmen. Bei einer so kleinen

Expedition könnte auch die persönliche Ausrüstung, die ich mitbringe, von Nutzen sein. Auch könnte man vielleicht einen Teil des Materials von der Danmark-Expedition kaufen. Was an Wissenschaft zu machen ist, kann ich selbst erledigen. Dieser Plan hat nun vorläufig nicht viel, was mich reizen könnte. Zwar wird der erste Herbst sehr anregend vergehen. Die Überwinterung aber wird langweilig und die Reise selbst ist ziemlicher Stumpfsinn. Immerhin könnte ich mir aber denken, daß sie aus praktischen Gründen anzuempfehlen wäre.

Noch im Frühjahr unternahmen sie eine Fahrt nach Süden, 60 Tage lang, um die Depots an der Küste zu sichten. Diese befanden sich zwar in recht gutem Zustand, aber Post fanden sie nicht, wie sie – mit einer gewissen Berechtigung – gehofft hatten. Nicht einmal ihre eigene Post war abgeholt worden, die Mylius-Erichsen an einer bekannten Stelle in einer zugelöteten Blechdose hinterlegt hatte, obwohl ein Schiff sogar zwischenzeitlich angelegt hatte. Lediglich eine Visitenkarte des Schiffes fanden sie vor, die sie fluchend entzifferten: «Waidmannsheil» stand darauf.

Jetzt begannen die Vorbereitungen für die Entsatzexpedition. Bis auf 28 mußten sie alle übrigen Hunde töten, um für die nächsten Wochen genügend Futter zu haben. Den Sinn dieser notwendigen Handlung zu verstehen, fiel Wegener anfangs nicht leicht. Aber er wußte natürlich, daß sie nicht die ersten Nordlandfahrer waren, die das tun mußten – trotz aller freundschaftlichen Gefühle, die zwischen den Männern und ihren Hunden entstanden waren. Jeder hatte ja einen Namen, und Wegener behielt noch lange ihr Jaulen und Winseln in seinen Ohren.

Zwei Männer sollten mit 20 Hunden aufbrechen, um drei andere Männer zu retten. Ein lebensgefährliches Unterfangen. Die Wahl fiel auf Koch und Gabrielsen.

Wegener unternahm inzwischen eine Zugschlittenreise mit drei Begleitern, hinauf auf das Inlandeis, um geeignete Aufstiege zu erkunden und einen schneefreien Berg zu erklettern. Über

Pustervig kehrten sie am 3. April wieder zurück und trauten ihren Augen nicht! Denn sie trafen am Schiff die Männer der Entsatzexpedition, die bereits wieder aus dem Norden zurückgekehrt waren. Schon sehr bald hatten diese nämlich Gewißheit über das furchtbare Schicksal der drei Polarforscher Mylius-Erichsen, Hagen und Brönlund erhalten.

Wegeners Tagebuch berichtet in knappen Worten:

Sie hatten auf Lambertsland die Leiche Jörgen Brönlunds gefunden und sein Tagebuch mitgebracht. Mylius-Erichsen und Hagen sind gleichfalls tot. Der arme Brönlund! Er lag in einer Erdhöhle ohne Schlafsack, nur im Rentierpelz, die erfrorenen Füße in Zeug eingewickelt. Er hatte die Proviantkiste im Depot geöffnet und etwa ein Drittel des Inhalts verzehrt. Mit dem mitgebrachten Primus hatte er einen Teil des Petroleums aufgebraucht. Er kam Ende November (!) «bei abnehmendem Mond» zum Depot und legte sich, den sicheren Tod vor Augen, in die kleine Erdhöhle. Sein Tagebuch und die von Hagen angefertigten Kartenskizzen legte er so, daß sie leicht zu finden waren. Er schrieb, er könne nicht weiter wegen seiner erfrorenen Füße und wegen der Dunkelheit. Es müssen schrecklich harte Bedingungen gewesen sein, die einen solchen Mann wie Brönlund dazu brachten, die Hoffnung aufzugeben. Sein grönländisches Tagebuch, das erst nach Kochs Rückkehr übersetzt wurde, schildert, wie die drei den Sommer überstanden. Die letzte Notiz ist das Datum des Aufstiegs auf das Inlandeis im Innern des Danmarkfjords, an dessen Nordufer sie übersommert hatten, weil ihnen das offene Wasser den Weg nach Süden abgeschnitten hatte. Die Schilderung der eigentlichen Katastrophe fehlte. Am Depot schrieb er nur einige kurze Worte, aus denen hervorgeht, daß die Katastrophe auf dem Inlandeis stattfand. «Unser Versuch einer Rückreise über das Inlandeis.» Hagen starb zuerst, dann Mylius-Erichsen, auf dem Inlandeis im 79-Grad-Fjord, über das ich mit Thostrup gezogen bin. – Es tauchte nun der Plan auf, von neuem hinaufzureisen und die Leichen von Mylius und Hagen zu suchen, allein er mußte aufgegeben werden. Wir haben nicht genug Hundefutter, um mit Hundeschlitten hinaufzuziehen, und für Zugschlitten ist die Reise zu lang.

Vom Rückweg brachten Koch und Gabrielsen aus den nun nicht mehr benötigten Depots entlang der Küste Hundefutter mit. Das gab ihnen während des Frühjahrs die Möglichkeit für weitere wissenschaftliche Untersuchungen. So konnten zahlreiche Fahrten und Vermessungen stattfinden, um bisher Erreichtes zu vervollständigen.

Die Arbeit half den Männern auch, mit ihren bedrückenden Erinnerungen fertig zu werden.

Am 22. April kehrte Freuchen von Pustervig zurück, nach fast sechs Monaten «Gefangenschaft» in einer Erdhöhle, die als meteorologische Station diente. Nacheinander war jeweils einer der Männer vom Basislager zu ihm gekommen, um bei seiner Arbeit zu helfen. Beinahe hätten sie die Station aufgeben müssen, und es war ausschließlich Freuchens Durchhaltevermögen zu verdanken, daß dies nicht geschah. Mehrmals hatte er wegen katastrophaler Witterungsverhältnisse über längere Zeit ohne Proviant und Brennmaterial ausharren müssen, bis endlich ein Schlitten den benötigten Nachschub vom Schiff brachte.

Am 8. Mai begab sich als letzter Wegener auf den Weg dorthin, um allein für einige Wochen sein – wie er es scherzhaft nannte – «Pustervigexil» anzutreten.

Hier umgab ihn tiefste Einsamkeit. Allein erkundete und kartierte er die Umgebung. Mit Hilfe seiner Tiroler Bergstiefel – die hatte er von zu Hause mitgebracht, unbekümmert über die witzelnden Bemerkungen der Kameraden – und Steigeisen sowie Eispickel gelang es ihm mühelos, mehrere Berge und Felswände ringsum zu erklimmen.

Bergab «fuhr» er gern mit zeitweise recht bedenklichen Geschwindigkeiten, seine Stiefel gleichsam als Schlitten benutzend. Doch nicht immer war das Wetter günstig. Dann saß er in der Station und ließ die Gedanken schweifen.

21. Mai. Schon vor drei Tagen zogen Wolken auf, und so ist es bis heute geblieben: bald ganz bedeckt und Schneewetter, bald Nebel. Ich erhielt einige Wolkenbilder, machte aber keine Ausflüge. Gestern hielt ich mich sogar den ganzen Tag im Hause auf und las einen Roman, den einzigen, den es hier gibt. Nun bin ich auch damit fertig. Heute vormittag machte ich eine Bergbeobachtung, um mir die nötige Bewegung zu verschaffen. Sonst sitze ich hier zu Hause und spintisiere, während ich immer eine Pfeife schlechten Expeditionstabak nach der anderen rauche. Ich wundere mich oft über mich selbst, wie ich so stundenlang sitzen kann, ohne mir etwas vorzunehmen. Ich rauche, höre auf das behagliche Fauchen der kleinen Spirituslampe, die mein Ofen ist, und die Phantasie läuft von einem Ende der Welt zum anderen, vom Südpol mit seinem unerforschten Kontinent nach Zechlinerhütte, wo jetzt der Flieder blüht, nach Berlin zu den Eltern, nach Lindenberg. Wie das wohl alles aussehen mag, wenn ich nach Hause komme? Wo ist Kurt? Wie geht es den Eltern? Und dann wieder hinaus, die Anden von Chile, Südafrika, Neuseeland. Unangenehm werden mir wohl in Zukunft Gesellschaften und ähnliches zu Hause sein. Es muß furchtbar sein, so als Polarbär mit einem Ring in der Nase präsentiert zu werden. Ich werde jedenfalls sehen, mir alle öffentlichen Vorträge sowie Zeitungsberichte soweit als möglich vom Halse zu halten.

Die Zeit des «Exils» näherte sich dem Ende. Am letzten Tag des Maimonats wurde er abgeholt, die Station jetzt endgültig geschlossen.

Als sie die Danmark erreichten, hatte man schon begonnen, das Schiff für die Abreise zu rüsten. Das Eis vor der Küste war dank des milden Wetters viel dünner als im Vorjahr um die gleiche Zeit. An vielen Stellen im Hafen schmolz es schon, und zunehmend bildeten sich offene Wasserstellen. Kiste um Kiste wurde verladen, die Aufregung wuchs. Und die Wissenschaftler verwandelten sich wieder in Seeleute. Es gab noch so unendlich viel zu tun.

Am 21. Juli 1908 war es dann endlich soweit. Der Hafen war frei! Die Danmark legte ab und ging auf Kurs.
Einen Monat später, am 23. August, erreichte das Schiff nach guter Fahrt schließlich das Ziel: Kopenhagen.
Die Mannschaft atmete auf. Endlich zu Hause!
Im Hafen empfing sie eine begeisterte Menschenmenge. Aufgeregte Ansprachen wurden ihnen zu Ehren gehalten, ihr Mut und die wissenschaftlichen Leistungen gerühmt. Drei Männer hatten dafür ihr Leben gelassen.
Vom dänischen König bekam Alfred Wegener im September dann in Anerkennung seiner Leistung die Verdienstmedaille in Silber mit Medaillenband und Silberspange verliehen.

3.

Die große Idee

Marburger Zeit

Als *Polarbär mit einem Ring in der Nase* wollte Alfred Wegener nach seiner Rückkehr den Leuten nicht *präsentiert* werden, wie er in sein Tagebuch geschrieben hatte. Aber ganz konnte er der Presse natürlich nicht ausweichen, die exklusiv und mit Fotos über die Expedition berichtete. Allgemeine Lichtbildervorträge ohne wissenschaftlichen Anspruch zu halten, lehnte er jedoch ab. Die Ergebnisse seiner meteorologischen Forschungen in der Arktis mußte er selbstverständlich seinen Fachkollegen zugänglich machen. Und das tat er auch gern. Wegener meldete deshalb einen Vortrag über die Drachen- und Ballonaufstiege während der Danmark-Expedition für die Tagung der Deutschen Meteorologischen Gesellschaft an, die im September 1908 in Hamburg stattfinden sollte. Professor Wladimir Köppen war der Vorsitzende des dortigen Zweigvereins dieser Gesellschaft, und im Rahmen seiner Tätigkeit als Meteorologe der Deutschen Seewarte organisierte er diese Tagung. Gerne erinnerte er sich an die regen Kontakte, die der junge Wissenschaftler Wegener vor der Expedition mit ihm geknüpft hatte, und er freute sich über dessen Angebot, einen Vortrag zu halten.

Mit großen Schritten durchquerte Professor Köppen, die Aktentasche fest unter den Arm geklemmt, den Vorgarten und betrat rasch sein Haus. Es befand sich außerhalb der Stadt, in ruhiger Umgebung, gar nicht weit von der Drachenstation in Großborstel entfernt, die er 1903 dort eingerichtet hatte. In dem

gastfreundlichen Heim Köppens verkehrten damals sehr viele Meteorologen des In- und Auslandes.
«Da! Schaut einmal!» rief er seiner Frau und der Tochter Else zu. «Hier! Es ist fertig gedruckt!» Und er schwenkte ein Blatt Papier mit dem Programm über seinem mächtigen Kopf, der von weißem Haar und einem zottigen Vollbart umrahmt wurde. Wache, kluge Augen blitzten durch die runden Brillengläser.
«Nun kann die Tagung losgehen. Alles ist organisiert. Und der Dr. Wegener mit seiner Expedition ist auch dabei. Ihr erinnert euch doch an den jungen Mann?»
Frau Köppen nahm das Programm in die Hand und studierte es aufmerksam. «Das wird eine ganz großartige Sache!» meinte sie. Köppens Tochter Else nickte heftig. Sie war erst 16 Jahre alt und schwärmte für – wie sie sagte – alles «Ungewöhnliche» in der Welt. Von dem gesamten Tagungsprogramm interessierte sie deshalb natürlich der Vortrag von Alfred Wegener am allermeisten. Der versprach Abenteuerliches. Da mußte sie unbedingt hin!
Das war allerdings nicht ganz einfach zu bewerkstelligen. Sie besuchte nämlich damals das Lehrerinnenseminar, und beides – Vortrag und Schule – überschnitt sich zeitlich. So sprach sie beim Direktor persönlich vor und ließ sich für diesen einen Tag beurlauben!
Erwartungsvoll betrat sie den großen Vortragssaal. Etwas mulmig war ihr schon zumute zwischen all den Wissenschaftlern, die zu der Tagung gekommen waren. Rasch huschte sie in den hinteren Teil des Saales und setzte sich in eine der letzten Bänke. Es wurde dunkel, und Dr. Wegener führte seine wunderbaren Lichtbilder vor, während er anschaulich den Verlauf der Expedition und ihre wissenschaftlichen Ergebnisse schilderte. Doch Else achtete nicht nur auf den Inhalt des Vortrags. Ihr fiel besonders auf, wie klar Wegener sprach. Und gebannt blickte sie in sein von der arktischen Sonne dunkelbraun gebranntes Gesicht, in dem hell die graublauen Augen leuchteten.

Viel zu schnell endete der Vortrag. Für Else hätte es stundenlang so weitergehen können.
Rasch leerte sich der Saal. Vorn stand noch Dr. Wegener, von einer Gruppe umringt, in ein Gespräch vertieft.
Else ging langsam durch das Foyer des Gebäudes und trat ins Freie. «Ja, da schau her: die Else!» hörte sie plötzlich jemanden rufen, und sie erschrak ein wenig. Geheimrat Möller, der Mann ihrer Patentante aus Braunschweig, tauchte lachend vor ihr auf. Er war als Tagungsteilnehmer anwesend.
Der rundliche Mann mit den lustigen Augen breitete die Arme aus. «Ja, was machst du denn hier? Du schwänzt wohl die Schule, was?» begrüßte er sie freudestrahlend.
«Aber nein! Oder doch ...» Else hakte sich lachend bei ihm ein und erzählte mit übersprudelnder Begeisterung von dem, was sie eben erlebt hatte.
«Aber viel zu kurz war das alles! Und manches auch zu wissenschaftlich für mich. Aber so spannend und abenteuerlich! Er müßte viel mehr erzählen können ...»
Der Geheimrat freute sich mit ihr. «Du würdest also mehr von ihm hören wollen, was?»
«Aber sicher doch!»
«Na – warte mal ab.» Er lächelte.
Am Nachmittag überraschte der Geheimrat Else mit einer offiziellen Einladung zum abendlichen Festessen der Tagungsteilnehmer.
Und sie – Else – sollte Dr. Alfred Wegeners Tischdame sein!
Der Vormittag verging, bis sie sich zuletzt mit der sachkundigen Hilfe ihrer Mutter nach endlosem Hin und Her schließlich entschieden hatte, welches Kleid sie am Abend tragen wollte.
Else Köppen nahm zum ersten Mal an einem solchen Essen teil, und dazu auch noch neben diesem Mann. Sie fühlte sich sehr unsicher und brachte kaum ein vernünftiges Wort hervor. Doch Alfred Wegener rettete die Situation, indem er Photos von der Expedition hervorholte und sie mit launigen Bemerkungen

seinen nächsten Tischnachbarn zeigte. So verschwand bald alle Schüchternheit.
Es wurde ein wundervoller Abend.
Zwei Tage später sollten sie sich schon wieder sehen. Nach einer Besichtigung der Drachenstation in Großborstel blieb ein Teil der Wissenschaftler im Hause Köppen und verbrachte den Abend dort. Dr. Wegener war auch dabei. Nach dem Abendessen wurde es dann gemütlich. Mitunter trafen sich Elses und Alfred Wegeners Blicke.

Noch wußte Alfred Wegener nicht, wo er in der nächsten Zeit leben würde, um zuerst einmal in Ruhe die wissenschaftlichen Ergebnisse der Danmark-Expedition auszuwerten. Er wählte schließlich die Stadt Marburg an der Lahn. Dem dortigen Physikalischen Institut war nämlich eine kleine Sternwarte angeschlossen, und dort konnte er arbeiten.
Im kommenden Jahr habilitierte er sich für die Lehrfächer Meteorologie, Astronomie und kosmische Physik, durfte nun also als Privatdozent Vorlesungen halten. Am 8. März 1909 fand seine Probevorlesung statt: über neuere Forschungsmethoden in der Meteorologie. Er war sehr aufgeregt. Und fast genau zwei Monate später hielt er dann, am 7. Mai um 18 Uhr, im Hörsaal 10 der Universität seine Antrittsvorlesung.
Nun begann eine intensive Zeit fruchtbarer Arbeit.
Neben seiner Vorlesungstätigkeit stand er mit Professor Köppen in einem äußerst regen wissenschaftlichen Briefwechsel. Wegener hatte nämlich mit der Ausarbeitung eines größeren wissenschaftlichen Werkes begonnen, der «Thermodynamik der Atmosphäre». Von Köppen hatte er dazu zahlreiche Sendungen mit schwer zugänglichen Büchern, Artikeln und Sonderdrucken zur älteren Meteorologie erbeten nebst wichtigen Anregungen und Hinweisen.
Im Herbst 1910 war das Buch in seinen Grundzügen fertig, und Wegener schickte das Manuskript an Köppen mit der herzlichen

Bitte um kritische Durchsicht. Köppen lud ihn daraufhin zu einer ausführlichen Besprechung ein, und so kam Wegener wieder einmal für einige Tage nach Hamburg.
Bei den gemeinsamen Mahlzeiten, an denen auch Else und ihr Bruder teilnahmen, ging es nicht allzu ernst zu. Lebhafte Gespräche wurden geführt, und Wegener machte gern spaßige Bemerkungen.
Bis spät in die Nacht saßen die beiden Männer jeden Tag bei der Arbeit und diskutierten heftig die Theorien und Standpunkte, die Wegener in seinem Buch vertrat. Else saß oft mit im Zimmer, sie mußte einen Vortrag für die Schule ausarbeiten. Aber mit halbem Ohr hörte sie natürlich den beiden zu. In ihren Erinnerungen schrieb sie später, wie sie in diesen Tagen Alfred Wegener erlebte:
Diese Augen! Wenn er seine Gedanken entwickelte, blickten sie ruhig in die Ferne, ab und zu blitzten sie plötzlich auf, und er warf mir einen belustigten Blick zu. Ich kam nicht los von ihnen.
Da Wegener als erster Forschungsreisender wissenschaftliche Drachen- und Ballonaufstiege in Polargebiete durchgeführt hatte, galt er nun als Experte auf diesem Gebiet. Und als Professor Köppen um Auskünfte für eine geplante Südpolexpedition eines anderen Forschers gebeten wurde, fragte er seinerseits zuerst Wegener um Rat. Der teilte ihm umgehend und sehr differenziert seine aus Erfahrung gewonnenen Erkenntnisse über die Vor- und Nachteile von Drachen- bzw. Ballonflügen mit.

Privatdozent – den Begriff konnte man wörtlich nehmen. Damals bedeutete er, daß man von seinem privaten Vermögen leben mußte. Und Wegener besaß natürlich keines! Ein festes Gehalt gab es für eine private Dozentur nicht – man lehrte ja «privat» –, sondern lediglich die Vorlesungsgelder der Studenten, die bei ihm hörten. Das brachte ihm im Semester etwa 50 Mark ein. Ohne das Stipendium, das ihm ein uneigennütziger Förderer, der Experimentalphysiker Professor Franz Richarz, verschafft hatte, wäre ein Durchkommen gar nicht möglich

gewesen. Alles übrige mußte sich Wegener sehr, sehr mühsam durch Vorträge und das Verfassen von wissenschaftlichen Artikeln für Fachzeitschriften verdienen. Mitunter gab es – und das waren Spitzenhonorare – 1,50 bis 3 Mark pro Druckseite, aber bei verschiedenen Zeitschriften, darunter auch der «Meteorologischen Zeitschrift», seinem eigentlichen Fachorgan, auch gar kein Honorar. Dennoch veröffentlichte er darin während seines Marburger Aufenthaltes insgesamt 18 Beiträge.
Das behinderte ihn natürlich bei der Arbeit an seiner «Thermodynamik». Gegen Ende des Jahres 1910 schrieb er an Köppen unter anderem: ... *Ich stecke jetzt bis über beide Ohren in dieser Arbeit drinnen, es wird aber auch Zeit, daß ich sie fertig bekomme, damit ich endlich wieder an die arme vernachlässigte Thermodynamik gehen kann. Dem Verleger (Ambrosius Barth in Leipzig) habe ich versprochen, sie bis Weihnachten abzuliefern. Der Kontrakt ist soeben unterschrieben. Dann werde ich auch meine eigentliche Arbeit, die Danmark-Expedition, wieder aufnehmen müssen, nachdem ich nun ein ganzes Jahr gefeiert habe. Das ist immer der schwerste Entschluß. Aber entschuldigen Sie, daß ich Sie mit meinen eingebildeten Sorgen quäle, bei denen ich mich im Grunde ganz wohl fühle. Sie werden wohl schließlich auf den Marburger Quälgeist schlecht zu sprechen sein, wenn ich fortfahre, Ihre Liebenswürdigkeit in der bisherigen Weise in Anspruch zu nehmen.*

Den Humor verlor er jedenfalls nicht.
Kurz vor dem Weihnachtsfest kam in Großborstel eine recht große Kiste an. Aus Marburg! Und sie trug eine eindeutige Aufschrift: «*Halt, nicht neugierig sein! Nicht vor Weihnachtsabend öffnen!*» Else Köppen und ihr Bruder überlegten nur einen Moment lang. Ein kurzer Blickwechsel ... Und schon begannen sie, die Kiste zu öffnen.
Darin war sehr viel Holzwolle. Außerordentlich viel. Aber ganz innen war eine Schachtel festgebunden.

«Nun aber ganz vorsichtig! – Vielleicht ist es etwas Zerbrechliches? Laß mich mal ...»
In der Schachtel lag – vollständig in Watte eingehüllt – eine weitere schmale Schachtel für Photoplatten. Sehr sorgfältig zugeklebt. Und darauf die Aufschrift:
«Achtung, nur bei Lampenlicht öffnen!»
Es knisterte vor Spannung im Raum.
«Nun mach' doch schon, Else. Aber vorsichtig ...»
Behutsam löste sie die Klebestreifen und hielt die Schachtel dabei möglichst waagerecht. Es könnte ja etwas herausfallen ...
Darin lag ein Zettel. Darauf stand:
«Ich hab' Euch doch gesagt, Ihr sollt nicht neugierig sein!»
Else ließ die Schachtel fallen und hielt die Hand vor den Mund. Dann platzte sie los. Die Geschwister mußten so sehr lachen, daß ihnen zuletzt die Tränen kamen und ihnen der Bauch heftig schmerzte ... Am meisten freute es Else, daß Dr. Wegener bei ihnen so viel Verständnis für seinen Scherz vorausgesetzt hatte.
Am nächsten Tag traf dann das eigentliche Geschenk ein: das anschaulich geschriebene Buch von Achton Friis über die Danmark-Expedition mit dem Titel «Im Grönlandeis mit Mylius-Erichsen», ganz frisch aus der Druckpresse.
Bald sah und hörte Else Köppen nichts mehr von ihrer Umgebung, ganz in die abenteuerlichen Schilderungen vertieft. Auch über Alfred Wegener erfuhr sie einiges in dem Buch ...
Im Februar bestand Else Köppen das Lehrerinnenexamen. Am 1. April sollte sie schon als neue Lehrerin in ihrer alten Schule beginnen. Bis dahin half sie ihrem Vater beim Zeichnen seiner Klimakarten. Zwischen ihr und Wegener hatte mittlerweile ein reger Briefwechsel eingesetzt. In ihrem letzten Brief berichtete sie ihm davon, daß sie nun Karten zeichne.
Wegener antwortete ihr am 4.3.1911 launig:
... Ich habe mich sehr darüber gefreut, daß Sie Ihrem Herrn Vater so fleißig bei dieser sicher sehr mühsamen Arbeit helfen. Von mir ist wenig Erfreuliches zu berichten. Ich glaube, ich

werde nächstens «totgehen». Mittwoch hatte ich einen Vortrag über Wolkenbildung, der – wenigstens mir – so gefallen hat, daß ich ihn am Tage darauf einer Tippmamsell diktierte (ein Manuskript hatte ich wie gewöhnlich nicht). Die Hauptsache soll aber noch kommen: Am 13. Vortrag in Marburg über «Luftschiffahrt», am 17. in Köln über «Danmark-Expedition» mit Farbphotographien und Berücksichtigung der Drachenaufstiege, am 18. nochmals ohne «Berücksichtigung», am 20. in Kassel über «Fahrten im Freiballon». Ob ich das überleben werde? Ich sehe es schon kommen, daß in dieser Zeit dann alles mögliche auf mich hereinstürzt, die Korrekturen der Meteorologischen und Physikalischen Zeitschrift, von Ambrosius Barth und aus Kopenhagen, strahlender Sonnenschein, so daß wir schleunigst mit dem Albedometer messen müssen usw. Montag hoffe ich (bei gutem Wetter) eine kleine Ballonfahrt zu machen ... Nächstens muß auch mein Bruder zurückkommen, er soll schon von Samoa abgereist sein. Wo er steckt, wissen die Götter ... Meine Eltern schreiben mir, ich solle sie Ostern besuchen, aber ich fürchte, es wird nichts daraus werden. Ich komme ja mit meiner Arbeit gar nicht weiter. Aber ich will Ihnen nichts vorlamentieren ... Meiner Thermodynamik geht es ganz gut, die ersten 100 Seiten sind schon in der Druckerei, und ich hoffe, bald die ersten Korrekturen zu bekommen. Jetzt ist es glücklich wieder 2 Uhr nachts, Sie bekommen den Brief also erst Montag. Also gute Nacht. Mit herzlichem Gruß Ihr Alfred Wegener.

Die Tage flogen nur so dahin in rastloser Tätigkeit. Erholung fand Wegener in jener Zeit selten, eigentlich nur während der zahlreichen Ballonfahrten, die er unternahm. Bis zum Sommer waren es 19 Freifahrten, bei 14 war er Ballonführer. Zwar wurden dabei wissenschaftliche Beobachtungen durchgeführt, aber dazwischen lag oft stundenlanges Ausspannen, während der Ballon hoch oben in den Wolken dahinglitt.

In den Vorlesungen Wegeners saß damals ein junger Student, Johannes Georgi, der 1888 geboren war und größtes Interesse für Wegeners Forschungen zeigte. Besonders schätzte er, daß diese Vorlesungen trotz aller Qualitäten keinen «professoralen» Charakter trugen.

Der Mai 1911 sollte für Else Köppen und Alfred Wegener ein ganz besonderer Monat werden. Die Menschen in ihrer näheren Umgebung hatten natürlich schon längst etwas gemerkt. Anfangs ging es lediglich um eine Ballonfahrt! Die neunzehnjährige Else schrieb später darüber in ihren Erinnerungen:

Anfang Mai schlug Wegener mir vor, an einer Ballonfahrt von Marburg aus teilzunehmen. Es hatte sich ein Ehepaar für eine Fahrt gemeldet, und nun suchten sie einen «vierten Mann». Ich war begeistert und gern bereit, mein erstes Gehalt für den Kostenbeitrag von 100 Mark anzuwenden, da ich das Geld zur freien Verfügung hatte. Ich wohnte ja wie früher bei meinen Eltern und dachte noch nicht viel an Selbständigkeit. Um so größer war dann die Enttäuschung, als Wegener mir schrieb, das Ehepaar habe abgesagt, weil die Dame ernstlich erkrankt sei. Statt dessen kam er am Tage vor Pfingsten selbst nach Hamburg, und wir verlobten uns. Wie herrlich schien der Mond auf unserm Abendspaziergang in Großborstel!

Gleich in den Pfingstferien fuhren sie nach Zechlinerhütte, um Alfreds Eltern zu besuchen. Da sollte er seine Else auch zum ersten Mal zu Hause vorstellen. Ihr war ganz bang zumute. Zeitig fuhren sie mit dem Zug los.

Unterwegs stieg Alfreds Bruder Kurt in unsern Zug, der vor kurzem von seinem Posten als meteorologischer Beobachter in Samoa zurückgekehrt war. Wie verschieden waren diese Brüder, die im Leben so treu zusammenhielten! Alles an Kurt war schlank und schmal, er überragte Alfred um ein beträchtliches. Lebhaft erzählte er von seiner Reise, dabei oft hart über Menschen und Zustände urteilend. Kurts schmale, lange Hände suchten nervös in seinen Taschen nach der Fahrkarte. Wie ruhig wirkte Alfred dagegen! Seinen breiten Händen sah man es an, daß sie zupacken gelernt hatten, wenn sie jetzt auch weiß und glatt waren von der Arbeit am Schreibtisch. Alfred wirkte in seiner Mittelgröße muskulös und kräftig. Diese Schultern konnten sich wohl gut gegen einen Schlitten stemmen, um ihn aus einer Spalte herauszuschieben. Aber bedachtsam würde es zugehen, ohne Hast und ohne ein Wort des Vorwurfs gegen einen ungeschickten Kameraden, mit einem Scherz den Fehler verdekkend, wie er jetzt im Gespräch auch immer wieder die guten Seiten von Menschen und Dingen betonte.

Am Bahnhof in Rheinsberg holte uns die ältere Schwester Tony mit dem Wagen ab. Wir fuhren durch das kleine Städtchen am Schloß Friedrichs des Großen vorbei und zuckelten dann den sandigen Weg am Rheinsberger See entlang. Tonys wortkarge Art und ihr von kurzem, grauem Haar umgebener Charakterkopf schüchterten mich sehr ein. Das waren alles fertige Menschen, fühlte ich, wie sollte ich neunzehnjähriges Ding da bestehen? Dann hielt der Wagen unter den riesigen alten Linden vor dem breiten Haus, und ich sah in die gütigen Augen meiner Schwiegermutter. Alle Angst war weg. Das waren Alfreds Augen! Auch mein Schwiegervater bewillkommnete mich herzlich als Braut seines jüngsten Sohnes, waren doch Tony und Kurt beide unverheiratet. Es war Pfingstbesuch da, wie immer im gastfreien Haus Wegener. Der Eßtisch war ganz mit Rosen überschüttet, im Park blühte der Flieder, und abends ruderten wir auf dem See und sahen die Hirsche zur Tränke kommen. Ich kam mir wie verzaubert vor. Wie war das Leben schön! Zu schnell vergingen die wenigen freien Tage. Alfred mußte zu seinen Vorlesungen nach Marburg zurück, ich an meine Schule nach Hamburg.

Nach Elses Rückkehr schrieb Professor Köppen einen langen Brief an Alfreds Eltern:

Unsere Else ist ganz entzückt von der herzlichen Aufnahme, die sie in Ihrem Hause gefunden hat. Auch meine Frau und ich möchten Ihnen dafür warmen Dank sagen. So spinnen sich die so frisch verknüpften Fäden unerwartet schnell und fest hinüber und herüber, und aus dem längst von mir hochgeschätzten jungen Gelehrten ist mir im Handumdrehen ein lieber Sohn geworden! Ein Übelstand ist da, aber er wiegt nicht schwer: ich habe Alfred, von dem ich mir sehr Bedeutendes für die Zukunft meiner Wissenschaft verspreche – ich halte ihn für einen der Tüchtigsten aus der jungen Meteorologengeneration –, so warm nach verschiedenen Seiten gelobt, daß es aussieht, als hätte ich für meinen künftigen Schwiegersohn gesprochen, während ich nur die Meteorologie im Auge hatte. Ich habe denn auch zwei Professoren in Berlin und Wien bei Übersendung der Verlobungsanzeige diese Erklärung gegeben – um Mißverständnisse zu verhüten. Nun, Alfred ist in meiner Achtung nicht gesunken dadurch, daß er meine Tochter glücklich machen will, und ich hoffe, es gelingt ihm weiter so gut wie bis jetzt!

An eine Heirat war in ihrer Situation noch lange nicht zu denken. Wegener verdiente als Privatdozent nicht einmal für sich selbst genug. Zudem wollte er noch einmal nach Grönland. Sein Vater hatte ihm erneut eine finanzielle Unterstützung angeboten, doch diesmal hatte Wegener gleich abgelehnt.

Er überlegte, nach Hamburg zu gehen. Aber dazu müßte er zuerst eine Dozentur an der dortigen Universität sicher haben. Professor Köppen plante damals die Zusammenarbeit mit einer Stiftung, die wissenschaftliche Ballonaufstiege und die Auswertung der Daten über Jahre hinweg gut bezahlen wollte. Aber ob das klappen würde?

Wandernde Kontinente

Ende 1910. Wenige Tage nach Weihnachten.

Der Winter hatte den heiligen Nächten kaum Schnee, aber strenge Kälte beschert.

Alfred Wegener schob die Blätter auf seinem Schreibtisch zusammen und schaltete das Licht an. Es war dunkel geworden. Er griff nach der neuen Pfeife, die ihm Else letzten Monat zu seinem 30. Geburtstag geschenkt hatte.

Da klopfte es an die Tür.

«Herein!» rief er. Dann stand er auf und ging Dr. Take entgegen, der etwas schüchtern seinen Kopf durch den Türspalt schob.

«Komme ich gelegen?» fragte er höflich.

«Aber selbstverständlich! Ich erwarte Sie doch ...»

Wegener zog die Tür ganz auf und winkte Emil Take herein. Sie waren Zimmernachbarn und verstanden sich gut.

«Was kann ich Ihnen denn anbieten zur Feier des Tages?» fragte Wegener.

«Nun, einen leeren Tisch, nicht wahr?» bemerkte Dr. Take trokken mit einem spitzbübischen Blick auf das schöpferische Durcheinander, das Wegeners Schreibtisch zierte.

«Sie sind ja ein äußerst preiswerter Gast, Herr Take!» gab Wegener zurück und machte rasch Platz für das umfängliche Konvolut, einen schweren, dunklen Halblederband, den Take unter dem Arm trug.

«Das ist er also! Wunderbar!» murmelte Wegener ergriffen.

«Nagelneu, jawohl! – Ein Prachtstück, was?!» Dr. Take schlug die erste Seite des großen Handatlas von Andree auf, ein

Geschenk, das er zu Weihnachten bekommen hatte, mit wunderschönen, äußerst fein gezeichneten Karten.
«Also, los geht die Reise», schnaufte Take und ließ sich in den altmodischen Sessel plumpsen, der für den Gast reserviert war. Wegener sagte gar nichts, war ganz Auge geworden. Gedankenverloren stopfte er seine Pfeife und setzte sie in Brand. Stundenlang saßen die beiden über dem Kartenwerk und hatten alles um sich herum vergessen.
Als sie dann die große physische Weltkarte aufschlugen, eine Doppelseite mit der östlichen und westlichen Erdhälfte in zwei sich überlappenden Kreisen, kam Alfred Wegener blitzartig jene Idee, die später die gesamten Erdwissenschaften von Grund auf revolutionieren und seinem Namen weltweite Berühmtheit verleihen sollte.
Wegener blickte auf die Karte. «Schauen Sie einmal, Dr. Take», sagte er leise. «Ist das nicht eigenartig?»
Emil Take blickte ihn fragend an.
«Na hier; schauen Sie!» Er deutete auf den Atlantik. «Sehen Sie sich doch einmal die Küstenlinien an. Paßt nicht die Ostküste Südamerikas genau an die Westküste Afrikas, so als ob sie früher einmal zusammengehangen hätten?!»
Dr. Take wiegte den Kopf. «Nun ja, mit ein bißchen Phantasie ... wenn man so will ...»
«Nein, nein. Schauen Sie doch! – Noch besser stimmt es, wenn man die Tiefenkarte des Atlantischen Ozeans ansieht und nicht die jetzigen Kontinentalränder, sondern die Ränder des Absturzes in die Tiefsee vergleicht, die Schelfränder. – Da, sehen Sie: ganz exakt.»
Dr. Take beugte sich vor. «Tatsächlich ... Ein wirklich eigentümlicher Zufall.»
Wegener sprang auf. «Ach was, Zufall! Über tausende von Kilometern? Das kann doch kein Zufall sein. Diese Exaktheit ...»
Wegener fuhr aufgeregt mit dem Zeigefinger die Küstenlinien und Schelfränder entlang. «Sehen Sie, da ... und da auch ...»

«Nun ja ... Da ist die Landbrücke, die man ja dort mit guten Gründen vermutet, vielleicht – sagen wir einmal – gleichsam synchron zusammengebrochen und dann versunken», mutmaßte Dr. Take.

Die versunkenen Landbrücken! Sie waren damals eine beliebte Erklärung für die eigenartige Tatsache, daß man auf verschiedenen Erdteilen verwandte Tiere und Pflanzen gefunden hatte, sogar schon im erdgeschichtlichen Altertum anhand von Fossilien. Wie sollten diese sich über die Ozeane hinweg verbreitet haben? Deshalb vermutete man die Existenz von riesigen Landbrücken, die in alter Zeit zusammengebrochen und im Meer versunken waren.

Wegener faßte sich an die Stirn und rieb sie ein wenig.

«Aber das kann doch nicht sein! Wenn die Landbrücke hier nun herunterstürzt und im Wasser versinkt, dann bricht sie doch nicht im Westen ganz genau so wie im Osten, nämlich parallel. Überlegen Sie einmal: Wenn eine Steinplatte zwei Risse bekommt, Brüche, gar noch im Winkel von fast 90 Grad, dann passen die Risse doch nicht nahtlos zusammen, wenn man das Mittelstück entfernt, oder? – Nein, nein, die Teile müssen einmal zusammengehangen haben; etwa wie ein Zeitungsblatt, das gerissen ist, dessen Teile aber genau zusammenpassen.»

Sein Gast nahm die Brille ab, hauchte die Gläser an und polierte sie mit seiner Krawatte. «Das ... das ist zweifellos richtig. Das mit den Rissen, meine ich.» Er setzte die Brille wieder auf, blickte streng und fuhr fort: «Das heißt aber noch lange nicht, daß die beiden Kontinente zusammengehangen haben müssen. Ich betone: müssen! Denn ...» Er kniff ein Auge zusammen. «... denn das kann es gar nicht gegeben haben!»

Wegener stutzte. «Aha. Und warum nicht, bitte schön?»

«Ganz einfach! Weil – weil Erdteile keine Zeitungsstücke sind!»

«Ach ja. Tatsächlich.» Wegener schmunzelte.

«Nein, nein, im Ernst. Zeitungsstücke mögen ja im Wasser schwimmen können, in Gottes Namen. Aber Kontinente?

Hören Sie: Kontinente! Versunken ja, meinetwegen, das ja. Aber die Kontinente sind ja gar nicht versunken, und sie liegen auch nicht zerbrochen direkt nebeneinander, sondern doch sehr, sehr weit auseinander.»

Wegener starrte auf die Karte. Es stimmte. Vertikale Bewegungen der Erdkruste, versinkende oder auftauchende Inseln, Auf und Ab, das war ein physikalisch nachvollziehbarer Gedanke. Er erklärte jedoch nicht die zueinander passenden Küstenlinien. Da konnte nichts abgesunken sein. Aber was dann? Man durfte eben nicht nur starr und statisch denken, sondern beweglich. Wenn es nicht vertikal sein konnte, sollte es dann womöglich ...

«Die Kontinente müssen einmal eins gewesen sein; dann sind sie auseinandergebrochen und horizontal wie Eisschollen im Meer auseinandergedriftet bis zur heutigen Lage.»

Dr. Take hob erstaunt die Augenbrauen. «Horizontal? In der Ebene, sagen Sie? Von Osten nach Westen – und umgekehrt?»

«Ja, ich weiß, ein ungewöhnlicher Gedanke.»

«Na, ungewöhnlich ist gut gesagt. Überlegen Sie einmal: Kontinente! Afrika, und Amerika! Schwimmen – wie Eisschollen! Ja, wie denn das, um Himmels willen? Wer soll denn diese Massen schieben, solche Brocken? Abertausende von Tonnen Gestein! Ganz unmöglich!»

Wegener kratzte sich am Kinn. Dann lachte er lauthals auf. «Sie haben ja recht. Es klingt abenteuerlich. Wirklich unwahrscheinlich im Grunde ...»

Wegener hatte jetzt keine Zeit für weitere Spekulationen. Wichtige Aufgaben mußten erledigt werden.

Zudem riß ihn im Sommer 1911 mitten aus der Arbeit eine Militärübung heraus. Dadurch verzögerte sich seine gesamte zeitliche Planung.

Gerade war sein Buch «Thermodynamik der Atmosphäre» erschienen, und er hielt ein druckfrisches Exemplar, das ihm der

Leipziger Verlag geschickt hatte, in der Hand. Aufgeregt blätterte er darin; es roch noch ganz neu.
Diese «zwar nicht populäre, aber doch leichtverständliche Darstellung des modernsten Zweiges der Meteorologie» sollte sich bald zu einem hochgeschätzten Standardwerk entwickeln, das Wegener höchste Anerkennung in wissenschaftlichen Kreisen eintrug. Zwar hatte sich ein renommierter Professor in einer liederlich verfaßten Rezension zuerst ablehnend geäußert, aber die gesamte Fachwelt rückte sein nicht sachgerechtes Urteil bald wieder zurecht. Das Lehrwerk erlebte entsprechend mehrere Auflagen.
Um Verständlichkeit ging es Wegener in allen seinen Darstellungen. Mathematische Formeln brachte er nur dann, wenn sie unumgänglich waren. Heftig kritisierte er Forscherkollegen, die ihre Darlegungen unnötig verkomplizierten oder gar mit überflüssiger Wissenschaftlichkeit und Mathematik auffüllten, um besonders gelehrt zu erscheinen.

Der Herbst brachte stürmisches Wetter. Buntfarbige Blätter fegten durch Marburgs Straßen. Die Menschen liefen geduckt und hatten die Mantelkrägen hochgeschlagen.
Da begann es auch schon zu regnen.
Alfred Wegener hatte sich in der Bibliothek verkrochen. Es war noch Zeit bis zu seinem nächsten Termin, und wegen des Wetters lohnte es nicht, vorher noch nach Hause zu gehen.
So stöberte er in den Regalen.
Was war das? – Ah ja, ein Sammelreferat. Den Band kannte er nicht ... Ergebnisse neuerer paläontologischer Untersuchungen über die frühere Landverbindung zwischen Brasilien und Afrika. Die Landbrücken, so ein Zufall!
Wegener las sich fest. Verwandte Fauna – Belege – weitere Fossilien – auch geologische Ähnlichkeiten – neue Funde.
Es mußte doch etwas dran sein! Es konnte nicht ganz verkehrt sein. Die Vielzahl von Gemeinsamkeiten der Flora und Fauna. –

Aber doch nicht über eine Landbrücke! Wohin sollte die denn einfach verschwunden sein? Die Kontinente mußten einmal verbunden gewesen sein und erst dann auseinander ...
Wegener schlug das Buch zu und ging zum Ausgang, um es bei der Bibliothekarin auszuleihen. Doch halt, er könnte gleich noch einige andere Werke mitnehmen.
Der Untergrund! Es mußte etwas mit dem Untergrund der Kontinentalkruste zu tun haben. Das war das größte Problem erst einmal. Wie konnten sich die Kontinente bewegen, tief unter dem Meer? Wegener blätterte, notierte, blätterte, suchte ...Und er fand Hinweis auf Hinweis, Beleg auf Beleg. Am nächsten Tag arbeitete er an diesen Fragen weiter. Es ging rasant voran. Das Eis war gebrochen. Berge von Büchern, Zeitschriftenartikeln, Notizen durchstöberte er in den nächsten Wochen. Es war wie ein Rausch.
«Sagen Sie einmal, Sie sind doch vom Fach hier. Können Sie mir bitte sagen, wo ich folgende Tierarten finden kann, Spezielles aus Handbüchern dazu?»
Der Angesprochene sah erstaunt auf. «Ja, gerne. Warum...»
«Entschuldigen Sie. – Wegener. Dr. Alfred Wegener. Ich bin Meteorologe, also kein Fachmann auf Ihrem Gebiet. Und deshalb möchte ich Sie herzlich bitten, mir ein wenig behilflich zu sein.»
«Gerne! Gar keine Frage. Aber wozu brauchen Sie denn als Meteorologe solche Spezialkenntnisse der Zoologie, wenn ich fragen darf?»
«Ach, das ist für eine geologische Untersuchung», antwortete Wegener zerstreut und bemerkte gar nicht, wie dem hilfsbereiten Zoologen der Mund offenstand.
Ein Meteorologe braucht Spezialkenntnisse über Tiere für eine geologische Forschung! Entweder ein Verrückter oder ... Ach ja, das wird es sein: Ein gut vorbereiteter Aprilscherz soll das werden! Na denn, wenn man behilflich sein kann. Die sind allerdings recht früh dran!

Die Geophysik ermöglichte es schließlich, einem der Rätsel näherzukommen.
Die Kontinente – sie enthielten als Kennmarken vermehrt die chemischen Elemente Silizium und Aluminium – waren spezifisch leichter als die tiefer liegenden, mit Magnesium angereicherten Schichten der Erdkruste mit einem größeren spezifischen Gewicht. Deshalb, so Wegeners Überlegung, konnten die Kontinentalschollen auf dem schwereren Untergrund gleichsam «schwimmen» und sich auch horizontal verschieben.
Wegener suchte weiter. Alle möglichen Wissenschaften befragte er. Überall forschte er nach Hinweisen darauf, daß die Kontinente einmal verbunden waren. Jede freie Minute, Woche für Woche, widmete er dieser einen Idee. Fast alles andere mußte liegenbleiben. Die Idee der driftenden Kontinente trieb ihn. Baustein an Baustein wurde so gesetzt, langsam fügte sich alles zu einem in sich weitgehend stimmigen Bild.
Zwei bis drei Monate nur hatte diese intensive Forschung gedauert, da war die Theorie schon als erster Entwurf – noch vor Jahresende – fertiggestellt.
Professor Köppen, den Wegener über Einzelheiten seiner Theorie unterrichtet hatte, hielt gar nicht viel von dem Ganzen. Er warnte ihn regelrecht davor, sich auf solche – wie er es nannte – Nebengebiete zu begeben. Schließlich gäbe es doch wirklich noch genug in der Meteorologie zu erforschen und zu klären, und das sei schließlich sein eigentliches Fachgebiet.
Doch Wegener antwortete ihm in einem Brief vom 6. Dezember 1911 zuversichtlich:
Lieber Vater, [...] Ich glaube, Du hältst meinen Urkontinent für phantastischer, als er ist, und siehst noch nicht, daß es sich lediglich um Deutung des Beobachtungsmaterials handelt. Wenn ich auch nur durch die Übereinstimmung der Küstenkonturen darauf gekommen bin, so muß die Beweisführung natürlich von den Beobachtungsergebnissen der Geologie ausgehen. Hier werden wir gezwungen, eine Landverbindung zum Beispiel zwischen

Südamerika und Afrika anzunehmen, welche zu einer bestimmten Zeit abbrach. Den Vorgang kann man sich auf zweierlei Weise vorstellen: Erstens durch Versinken eines verbindenden Kontinents, oder zweitens durch Auseinanderziehen von einer großen Bruchspalte. Bisher hat man, von der unbewiesenen Vorstellung der unveränderlichen Lage jedes Landes ausgehend, immer nur das erste berücksichtigt und das zweite ignoriert. Dabei widerstreitet das erste aber der modernen Lehre der Isostasie[1] *und überhaupt unseren physikalischen Vorstellungen. Ein Kontinent kann nicht versinken, denn er ist leichter als das, worauf er schwimmt. Also ziehen wir doch einmal das zweite in Betracht! Und wenn sich hier nun eine solche Fülle überraschender Vereinfachungen ergibt, wenn es sich zeigt, daß jetzt Sinn und Verstand in die ganze geologische Entwicklungsgeschichte der Erde kommt, warum sollen wir zögern, die alte Anschauung über Bord zu werfen? Warum soll man 10 oder gar 30 Jahre mit dieser Idee zurückhalten? Ist sie etwa revolutionär? Ich glaube nicht, daß die alten Vorstellungen noch zehn Jahre zu leben haben. Noch ist die Lehre von der Isostasie nicht vollständig durchgearbeitet, sobald sie es sein wird, wird der Widerspruch zutage liegen und die alten Vorstellungen werden korrigiert werden.*
Diese Worte schrieb er einen Monat vor dem Tag, an dem er einen Vortrag über seine revolutionären Thesen halten sollte, die er damit – kaum mehr als ein Jahr nach dem ersten Einfall – erstmals der Öffentlichkeit vorstellen würde.

Es klopfte.
«Ja, bitte!»
Dr. Hans Cloos, der sich noch vor dem Weltkrieg in Marburg habilitieren würde und später dann einen Lehrstuhl für Geologie in Breslau und Bonn übernehmen sollte, erhob sich hinter seinem Schreibtisch und ging dem Besucher entgegen. Auf-

1 Gleichgewichtszustand der Erdkruste

merksam schaute er ihm ins Gesicht, musterte seine feinen Züge und die graublauen, durchdringenden Augen.
«Wegener. Alfred Wegener», stellte sich der Gast vor.
Dr. Cloos hob die Augenbrauen. «Aber natürlich! Ich habe von Ihnen gehört. Viel Abenteuerliches gehört und noch Abenteuerlicheres gelesen. Aber setzen Sie sich doch bitte! Als Kollegen vor Ort hätten wir uns längst schon einmal aussprechen sollen.»
«Ach, Sie wissen doch: Physiker und Geologen fühlen sich nicht immer verwandt.»
Sie setzten sich. Und nach kurzer Zeit entwickelte der fünf Jahre ältere Wegener ihm seine Hypothese der wandernden Kontinente und erwähnte alle Beweise, die er bisher gefunden hatte.
Cloos schwieg lange. Dann rieb er sich den rechten Nasenflügel. «Nun – Sie sind natürlich feurig überzeugt von Ihrer Theorie. Ich allerdings ... Sie werden verstehen, daß ich als Geologe ... ja, sagen wir einmal so: Daß Ihre Darlegung einen Geologen ohne schlagende Beweise noch nicht überzeugen kann! Ihre Theorie ist sonderbar. Sehen Sie ...»
Erregt war Wegener von seinem Stuhl aufgesprungen. «Aber deshalb bin ich doch hier! – Darf ich einmal?» Mit zwei Schritten war er beim Bücherschrank, in dem er einen Atlas entdeckte. Rasch zog er ihn heraus und schlug die Weltkarte auf.
«Hier ... Schauen Sie!» Er legte den Atlas auf den Schreibtisch, direkt vor Cloos. «Deshalb erzähle ich Ihnen das doch alles. Ich möchte Sie nämlich herzlich bitten, geologische Tatsachen und Theorien beizutragen, die meine Hypothese stützen können. Selbstverständlich fehlt da noch vieles.»
Cloos sah ihn erstaunt an. «Sie brauchen Material?»
«Ja, sicher. Schauen Sie!»
Wegener hatte sich, ohne erst zu fragen, ein Blatt gegriffen und ließ seinen Stift übers Papier huschen.
«Schauen Sie doch, Arabien!» rief er. *«Ist das nicht ein klares Beispiel? Dreht sich um Sinai nach Nordosten wie eine Tür um die Angel, schiebt die persischen Ketten vor sich her und hängt sie*

an den beiden Spitzen Syrien und Oman auf wie eine Draperie! Auf der Rückseite aber reißt die arabische Tafel ab von Afrika, löst sich aus dem abessinischen Winkel und macht einen Spalt auf, der mit seinen drei- bis vierhundert Kilometern genauso breit ist, wie die persischen Ketten schmäler geworden sind.»
Cloos erhob sich von seinem Stuhl und wies auf die Skizze. *«Aber das Landdreieck von Danakil in der Südwestecke des Spalts, wie paßt es in dies Bewegungsbild hinein?»*
«Ist Lava», entgegnete Wegener, *«aufgequollen aus der Tiefe des Grabens.»*
«Gut, aber wie kann Lava auf Lava schwimmen?»
«Sie schwimmt nicht, sondern sie wird von leichteren, abgesplitterten Gneisschollen getragen.»
Hin und her ging der Schlagabtausch. Wegeners Augen blitzten, rasch ließ er seine Argumente auf die Einwände des Geologen folgen. Doch Cloos blieb skeptisch. Die Theorien zur Entstehung des Roten Meeres überzeugten ihn nicht.
Hans Cloos ließ sich bis zu seinem Tod nicht überzeugen. Aber er schätzte Wegeners Theorie, denn – wie er später schrieb – *«sie stellte auf ein wissenschaftlich gediegenes Fundament einen leicht faßlichen, sensationell erregenden Gedankenbau.»*
Mehr noch als die Theorie schätzte er jedoch Wegeners Persönlichkeit. *«So sehr mich die Idee befremdete, so sehr befreundete mich der Mensch.»*

Dann kam der 6. Januar 1912.
Im ehrwürdigen Senckenberg-Museum in Frankfurt am Main tagte die Jahreshauptversammlung der gerade erst vor zwei Jahren gegründeten Geologischen Vereinigung. Für diesen Tag war Wegeners Vortrag angekündigt worden.
Professor Emanuel Kayser, der den Lehrstuhl für Geologie in Marburg innehatte und Wegener gut kannte, hatte als 1. Vorsitzender der noch jungen Vereinigung diese Möglichkeit vermittelt. Wegener sollte ein belebendes Element inmitten der

anderen Veranstaltungen – insgesamt sechs Vorträgen – darstellen.

Er sprach als Nichtgeologe vor einem Fachpublikum, dem der Name des Marburger Privatdozenten noch so gut wie unbekannt war. Ein gewagtes Unternehmen also angesichts der ungewöhnlichen, neuartigen Ideen, die völlig quer zu den bislang gültigen wissenschaftlichen Überzeugungen standen.

Das Thema seines Vortrags lautete allerdings ganz unverfänglich: «Neue Ideen über die Herausbildung der Großformen der Erdrinde (Kontinente und Ozeane) auf geophysikalischer Grundlage.»

Noch während er sprach, gab es erste Anzeichen von Unruhe bei den Zuhörern. Einige beugten sich unauffällig zu ihrem Nachbarn und verständigten sich flüsternd über die ablehnende Meinung, die man ihren Mienen deutlich ansah, andere blickten ungläubig erstaunt oder schüttelten nur hin und wieder den Kopf. Wegener sprach jedoch völlig ruhig weiter und ließ sich nicht aus dem Konzept bringen. Er mußte allerdings gewaltig die Zeit überziehen angesichts der Fülle seines Materials.

Als er den Vortrag endlich beendet hatte, brach ein wahrer Sturm der Entrüstung los. In den hinteren Reihen sprangen einige Zuhörer auf und riefen ihre Fragen und Einwürfe wild durcheinander in den Raum. Andere gestikulierten erregt mit den Armen und brachten laut ihr Unverständnis und ihre tief empfundene Empörung über solchen «wissenschaftlichen Unfug» zum Ausdruck.

Zu einer unmittelbaren Aussprache kam es jedoch an diesem Tag nicht mehr – wegen der vorgerückten Zeit. Aber Wegener machte sich nichts vor: Die Kontinentalverschiebungstheorie war bei ihrer öffentlichen Premiere mit Pauken und Trompeten durchgefallen!

Doch er behielt die Nerven. Viel zu sehr war er davon überzeugt, daß seine Hypothese im Prinzip richtig war.

Schon vier Tage später, am 10. Januar nämlich, sollte der nächste

Vortrag über seine Theorie stattfinden. Diesmal in Marburg, also «zu Hause», in der Gesellschaft zur Beförderung der gesamten Naturwissenschaften. Hier tauchte der entscheidende Punkt schon mutig im Titel des Vortrags auf: «Horizontalverschiebungen der Kontinente».

Wegener war furchtbar aufgeregt und bemühte sich ganz besonders, seine Gedanken einsichtig zu entwickeln, Schritt für Schritt. Immer wenn er spürte, daß im Publikum unausgesprochener Widerstand auftauchte oder etwas nicht genügend verstanden worden war, versuchte er, den letzten Gedanken noch einmal – neu und anders – zu formulieren, auf die unausgesprochenen Einwände gleich einzugehen. Und hier in Marburg stieß er an diesem Tag auf mehr Toleranz und Verständnis als in Frankfurt. Man hörte ihm aufmerksam zu, irritiert zwar wegen der nun doch sehr gewagten Gedankengänge, gleichermaßen aber auch fasziniert von dieser so umfassenden, in sich schlüssigen Theorie, die so viele Antworten auf bislang ungelöste Probleme ermöglichte.

Erster Exkurs: Die Kontinentalverschiebungstheorie

Zwei Hypothesen zur Entstehung der Erdkruste beherrschten damals weitgehend die Diskussionen unter den Geologen.

Zum einen nahm man an, daß der Erdkörper langsam abkühlte, infolgedessen wie ein Apfel schrumpfte und sich dadurch die Erdkruste allmählich zu hohen Gebirgen aufwarf. Der engagierteste Vertreter dieser Auffassung, der sogenannten «Kontraktionstheorie», der die Mehrheit der Geologen damals anhing, war Eduard Sueß, Professor der Geologie in Wien. Berühmt wurde sein Ausspruch: «Der Zusammenbruch des Erdballs ist es, dem wir beiwohnen.»

Zum anderen nahm man die Theorie der schon erwähnten «Landbrücken» in Anspruch, um die offensichtliche Verwandtschaft lebender und fossiler Pflanzen und Tiere auf verschiedenen Kontinenten zu erklären. Der Zoologe und Geologe Hermann von Ihering war in jenen Jahren der bekannteste Verfechter dieser Hypothese.

Beide Hypothesen ließen für eine Lageveränderung der Kontinente, gar noch durch eine langsame Drift, keinerlei Platz.

Alfred Wegener ging nun davon aus, daß, wie schon angedeutet, die Kontinente und Ozeanböden unterschiedlich aufgebaut sind: Die Kontinente bestehen aus etwas leichterem Gestein (vorwiegend Granit mit angereichertem Silizium und Aluminium), die Ozeanböden aus etwas schwererem Gesteinsmaterial (vorwiegend Basalt mit angereichertem Silizium und Magne-

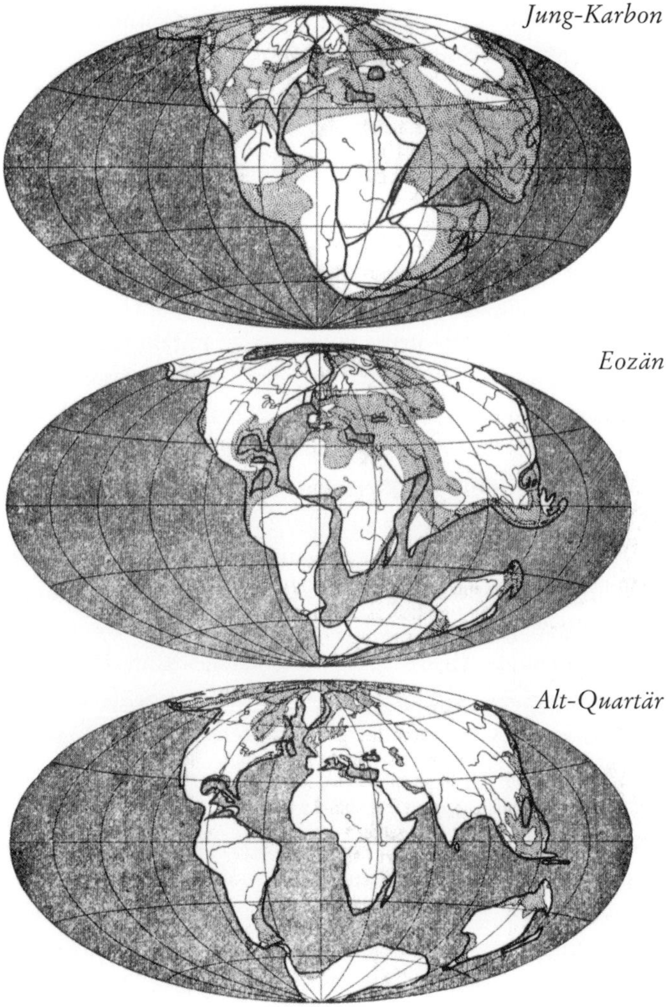

Rekonstruktion der Erdkarte nach der Verschiebungstheorie für drei Zeiten.

sium). Auf die Anfangssilben abgekürzt spricht man auch von Sial (Granit) und Sima (Basalt).
Wegener betrachtete die Kontinente als riesige Schollen, die auf der schwereren, deshalb unten liegenden Sima-Schicht lagern und auf ihr gleichsam «schwimmen», etwa wie Eisschollen im Wasser der Meere. So können die Kontinente auseinander oder aufeinander zu driften.
Vor etwa 250 Millionen Jahren, gegen Ende des Erdaltertums und am Anfang des Erdmittelalters (also Perm-Trias), lagen die Kontinente nicht wie heute voneinander getrennt, sondern eng zusammen und bildeten einen einzigen, riesigen «Urkontinent». Wegener nannte ihn *Pangäa* (griechisch «ganze Erde»). Dieser Urkontinent brach nun auseinander, und die einzelnen Kontinentalschollen drifteten langsam in verschiedene Richtungen – bis zu ihrer heutigen Lage.
Drifteten zwei Kontinente auseinander, so entstand zuerst eine gewaltige Spalte zwischen ihnen, die sich allmählich erweiterte und dann langsam in einen Ozean verwandelte durch ständig nachströmendes Meerwasser. So entstand zum Beispiel der Atlantische Ozean. Bewegten sich die Kontinente dabei vergleichsweise rasch, konnten Teile hinten abbrechen und dann Inselketten bilden.
Drifteten Kontinente aufeinander zu, türmten sich die Schollen dort, wo sie zusammenstießen, zu riesigen Faltengebirgen auf. Bekannte Beispiele sind hier die Alpen, der Himalaya sowie die amerikanischen Faltengebirge. So erklärt sich auch, weshalb an vielen Kontinentalrändern durch das Pressen, Reiben und Stoßen vermehrt Erdbeben und Vulkanausbrüche zu beobachten sind.
Doch welche Kräfte vermögen solche riesigen Massen zu verschieben?
Wegener dachte an verschiedene Möglichkeiten: einmal die «Polfluchtkraft», die – bei einer sich drehenden Kugel – die Kontinente zum Äquator hin schieben könnte; dann die

«Gezeitenreibung», die eine Westdrift der Kontinente (zum Beispiel Nord- und Südamerika) hervorrufen könnte.
Doch Wegener erkannte schon damals, daß diese Kräfte viel zu gering waren und für eine solch gewaltige Transportleistung nicht ausreichen würden. Sehr viel später, 1929, erwähnte er dann die Möglichkeit von Strömungen im Magma unter der Erdkruste als bewegende Kraft – die noch heute am häufigsten angenommene Erklärung.

Schritte in die Öffentlichkeit

Gleich nach den beiden Vorträgen begann Wegener, seine Gedankengänge in einem größeren Aufsatz darzustellen. Während der Niederschrift arbeitete er ständig an der Gestalt seiner Hypothese weiter, änderte, erweiterte, korrigierte, suchte nach neuen Bestätigungen. Dabei halfen ihm Kollegen aus der Geologie, die ihm Material zuspielten.

Jetzt erfuhr er auch von einer Arbeit, die F. B. Taylor in Amerika schon im Juni 1910 – unabhängig von Wegener – veröffentlicht hatte. Fairerweise erwähnte Wegener ihn als einen Vorläufer im Vorwort seines Aufsatzes, denn auch Taylor nahm Horizontalverschiebungen einzelner Kontinente an, allerdings nicht weltumspannend und nur für bestimmte Teile der Erdkruste. Zudem rechnete er noch mit den alten Landbrücken. Diese Überlegungen hatten keinen Einfluß auf Wegeners Theorie.

Im Februar 1912 konnte er den sehr lang geratenen Aufsatz als Manuskript beenden. Er schickte es an Professor Langhans, den Herausgeber der renommierten wissenschaftlichen Zeitschrift «Petermanns Geographische Mitteilungen». Und dieser schickte den Artikel nicht zurück und verlangte auch keine Kürzungen. Vielmehr erschien er sehr bald in drei Teilen (April, Mai und Juni 1912) in der vielgelesenen Fachzeitschrift und erregte allergrößtes Aufsehen!

Bescheiden und selbstbewußt zugleich klingen die Worte, mit denen Alfred Wegener seinen Aufsatz einleitet:

Im folgenden soll ein erster roher Versuch gemacht werden, die

Großformen unserer Erdoberfläche, d.h. die Kontinentaltafeln und die ozeanischen Becken, durch ein einziges umfassendes Prinzip genetisch zu deuten, nämlich durch das Prinzip der horizontalen Beweglichkeit der Kontinentalschollen. (...) Das Bild, welches wir auf diese Weise von der Natur unserer Erdrinde erhalten, ist ein neues und in mancher Beziehung paradoxes, entbehrt aber, wie gezeigt werden wird, nicht der physikalischen Begründung. Und andererseits enthüllt sich uns schon bei der hier versuchten vorläufigen Prüfung auf Grund nur der Hauptergebnisse der Geologie und Geophysik eine so große Anzahl überraschender Vereinfachungen und Wechselbeziehungen, daß es nur schon aus diesen Gründen allein berechtigt, ja notwendig erscheint, die neue, leistungsfähigere Arbeitshypothese an Stelle der alten Hypothese der versunkenen Kontinente zu setzen, deren Unzulänglichkeit ja bereits (...) evident erwiesen ist. Trotz dieser breiten Grundlage bezeichne ich das neue Prinzip als Arbeitshypothese und möchte es als solche behandelt sehen, wenigstens bis es gelungen sein wird, das Andauern dieser Horizontalverschiebungen in der Gegenwart mit einer jeden Zweifel ausschließenden Exaktheit auf dem Wege astronomischer Ortsbestimmungen nachzuweisen.

Noch im gleichen Jahr wurde eine gekürzte Fassung in der von der Geologischen Vereinigung herausgegebenen «Geologischen Rundschau» abgedruckt.

Und umgehend formierten sich die Gegner!

Besonders empört war die Gilde der Geologen, denn in ihren Gewässern hatte Wegener – wohlgemerkt: fachfremd! – besonders erfolgreich gefischt. Und das verzieh man dem Laien und Außenseiter nicht so schnell. Viele nahmen Wegeners Hypothese gar nicht erst ernsthaft zur Kenntnis, sondern ignorierten sie schlichtweg. Andere wiederum verhielten sich ohne genauere Prüfung von vornherein ablehnend, einem spontanen Vorurteil folgend. Einige konnten sie zwar ebenfalls nicht akzeptieren, bewunderten aber offen – wie etwa Hans Cloos – die geniale

Kühnheit und Stimmigkeit des Gedankengebäudes. Nur sehr wenige Menschen konnten Wegener ganz folgen und sich hinter ihn stellen.

Insgesamt überwogen bei weitem die ablehnenden Stimmen in den folgenden Jahren – genauer gesagt: sogar Jahrzehnten.

Manchen Wissenschaftler irritierte auch, mit welcher Unbekümmertheit Wegener in allen möglichen, nicht nur den benachbarten Wissenschaften – und natürlich wieder fachfremd – wilderte und nach Beweisen für seine Theorie suchte. Es war damals noch lange nicht selbstverständlich, daß man über den engen Horizont seines speziellen Fachs hinausblickte, um weiterführende, umfassendere Gesichtspunkte zu erforschen. Im Gegenteil, das war in jener Zeit regelrecht verpönt. Entsprechend eng entwickelte sich dadurch auch der Blickwinkel vieler Wissenschaftler, die ängstlich darum bemüht waren, den schmalen Pfad ihrer Fachrichtung nicht zu verlassen.

Besonders verübelte man Wegener, daß er nicht vom Fach – also speziell Geologe – war. Aber vielleicht konnte dem Meteorologen Wegener ein solch großartiger und revolutionärer Gedanke wie jener von den wandernden Kontinenten nur deshalb kommen, weil er *nicht* die Fachwissenschaft Geologie studiert und so sein Denken nicht mit den gängigen Lehrmeinungen besetzt und in gewisser Weise damit eingeengt hatte. Die Wissenschaftsgeschichte kennt zahlreiche Beispiele von sogenannten Außenseitern, die frei von vorgegebenen Denkmustern und ohne jegliche Angst um ihren wissenschaftlichen Ruf, den sie in der jeweiligen Fachwissenschaft ja gar nicht besaßen und deshalb auch nicht verlieren konnten, den Fortschritt in fruchtbarster und originellster Weise förderten.

Allein die Weite einer solchen buchstäblich weltumspannenden Theoriebildung, wie sie Wegener vollzog, überforderte offensichtlich die Phantasie und wohl auch das Fassungsvermögen manches verdienten Lehrstuhlinhabers. Entsprechend gereizt reagierten zahlreiche Forscher, die sich durch Wegener regel-

recht angegriffen fühlten und nun meinten, ihr festgefügtes Weltbild verteidigen zu müssen.
Wegeners Darstellung enthielt allerdings auch noch zahlreiche Einzelheiten in der Beweisführung, die sich leicht als entweder unstimmig oder wenig überzeugend widerlegen ließen. Dies verdroß Wegener jedoch ganz und gar nicht. Im Gegenteil, ihm ging es nicht ums Recht haben wollen, sondern um die Wahrheit. Und er war dann auch der erste, der einen Gedankengang aufgab oder korrigierte, wenn seine Unrichtigkeit erwiesen war. Zudem konnte Wegener auch das grundlegende Problem, welche Kräfte die Kontinente bewegen, noch nicht zufriedenstellend lösen. Das machte seine Theorie grundsätzlich angreifbar. Er wußte das und gab es offen zu.
Mehr und mehr wurde seine Hypothese nun über den ganzen Erdball hin verbreitet. Da sie in ihren Grundzügen leicht zu verstehen ist, tauchte sie auch in vielgelesenen, unterhaltend geschriebenen illustrierten Publikumszeitschriften und populären Buchdarstellungen, später sogar in Jugend- und Schulbüchern auf, was wiederum viele Wissenschaftler ganz und gar nicht freute; denn nun diskutierten auf einmal weltweit auch noch blutige Laien mit.
Die meisten Gegner fanden sich aber in Deutschland. Die heftigsten Attacken gegen Wegener leisteten sich die Geologen Eduard Sueß, der seine Schrumpfungstheorie gegen die Widerlegungen der Geophysiker verteidigen mußte, Wolfgang Soergel und Carl Diener.
Professor Hans Stille, seinerzeit ein berühmter Geologe in Göttingen, später Berlin, übersah Wegener geflissentlich in allen eigenen Artikeln und Büchern. Er schwieg ihn damit praktisch tot.
Hermann von Ihering, Verfechter der Landbrückentheorie, sparte nicht mit derben Verunglimpfungen. In seinem Buch über die Geschichte des Atlantischen Ozeans schrieb er 1927 im letzten Kapitel, daß Wegeners Idee für ihn ein *Phantasiegebilde des*

Geophysikers sei, *welches wie eine Seifenblase vergehen mußte.* Fritz Kerner-Marilaun, Professor in Wien, sprach 1918 sogar von *Fieberphantasien des von Krustendrehkrankheit und Polschubseuche schwer Befallenen.*

Besonders bissig äußerte sich Max Semper, Geologieprofessor in Aachen, in einem Aufsatz im Zentralblatt für Mineralogie, Geologie und Paläontologie. Darin ersuchte er Wegener um das gefällige *Innehalten der nötigen Distanz* und urteilte rigoros, daß die *Tatsächlichkeit der Kontinentalverschiebungen (...) mit unzulänglichen Mitteln unternommen und völlig mißglückt* sei. Wegener empfahl er süffisant, *doch künftig die Geologie nicht weiter zu beehren, sondern Fachgebiete aufzusuchen, die bisher noch vergaßen, über ihr Tor zu schreiben: O heiliger Sankt Florian, verschon' dies Haus, zünd' andre an!*

Wegener nahm solche Bemerkungen gelassen zur Kenntnis; er fand sogar noch Vergnügen an derartig übertrieben-polemischem Stil.

Bis weit über Wegeners Tod hinaus sollte die ablehnende, konservative Kritik bedeutender Wissenschaftler reichen.

Schroff urteilte der bekannte sowjetische Geophysiker Vladimir Vladimirowitsch Belussow noch 1954: *Viele Hypothesen der Geotektonik haben der geotektonischen Wissenschaft erheblichen Schaden zugefügt, weil sie bei denen, die nicht darauf spezialisiert sind, den Eindruck erwecken, dieses sei ein Gebiet, das von Phantastereien oberflächlichster Art regiert werde. Das anschaulichste Beispiel dafür hat Wegeners Hypothese von der Kontinentalverschiebung geliefert. Sie ist phantastisch und hat nichts mit Wissenschaft zu tun.*

Und Fred Hoyle, der berühmte englische Astrophysiker, war überzeugt davon, daß die Theorie Wegeners physikalisch unhaltbar sei. 1955 schrieb er in einem Buch: *Wie es ein Kontinent, der aus gut 35 Kilometer starkem Felsgestein besteht, anstellen soll, sich fortzubewegen, ist nie wirklich geklärt worden; und ehe nicht irgendein plausibler Mechanismus dafür angegeben werden kann, brauchen wir die Verschiebung von Kontinenten nicht ernst zu nehmen.*

Den Mechanismus hat man bis heute nicht endgültig erklären können; die Bewegung der Kontinente jedoch ist durch Satellitenmessungen einwandfrei erwiesen worden!

Aber es gab auch zustimmendes Interesse, besonders von seiten der Geophysiker, die eine ausreichende Abkühlung der Erde nicht nachweisen konnten und deshalb zunehmend die Theorie von der Schrumpfung der Erde verwarfen. Sie nahmen deshalb Wegeners Ansatz ernst und lehnten seine Theorien nicht gleich wegen der noch ungelösten Probleme ab.

Es gab sogar angesehene Mitstreiter, zum Beispiel den Heidelberger Geologen Professor Wilhelm Salomon-Calvi. Doch sie konnten sich nicht genügend durchsetzen. Alfred Wegener stand weitgehend allein da.

Nun war er also im vergleichsweise jungen Alter von 31 Jahren gleich mit zwei bedeutsamen Leistungen vor die Welt getreten: zum einen mit der hochgelobten Veröffentlichung der «Thermodynamik der Atmosphäre», jenem umfangreichen Lehrbuch, das mehrere Auflagen erleben sollte und den ausgezeichneten wissenschaftlichen Ruf Wegeners als Meteorologe begründete; zum anderen mit jener spektakulären, sensationell wirkenden Hypothese über die wandernden Kontinente, die seinen Ruf als ernsthaften Wissenschaftler wiederum äußerst gefährdete.

Seinen Forschungen über die bewegliche *Luft* vertraute man berechtigterweise. Seinen Forschungen über die feste, wenn auch jetzt dynamisch verstandene *Erde* mißtraute man – unberechtigterweise, wie man heute weiß.

Alfred Wegener blieb gelassen – und arbeitete weiter.

Johann Peter Koch war inzwischen unermüdlich tätig gewesen, um in Kopenhagen genügend Geld für eine neue Expedition nach Grönland zusammenzubringen. Auf mehr als 60.000

Kronen war das ganze Unternehmen veranschlagt worden. Und mögliche Geldgeber waren schwer zu überzeugen. Aber Koch hatte Erfolg! Jetzt – und nun drängte die Zeit plötzlich.

Alfred Wegener ließ sich schwer auf dem Stuhl nieder. «Es ist eine lange Zeit, keine Frage. Mehr als ein Jahr voraussichtlich! Wir werden die meiste Zeit über nicht einmal Briefkontakt haben können. – Was meinst du, Else?»
Sie trat zu ihm und legte ihre Hand um seinen Nacken. «Ich denke, daß du fahren sollst. Wenn überhaupt, dann ist es nur jetzt möglich. Und wir verlieren auch nicht soviel in diesem einen Jahr.»
Alfred blickte zu ihr auf. «Ein Jahr Ehe verlieren wir ...»
Else lächelte. «Sicherlich, Eisbär du.»

Alfreds Eltern und auch Wladimir Köppen waren von Wegeners Plänen nicht sehr angetan. Sie machten sich Sorgen. Es schien ihnen zu gefährlich, eine Durchquerung Grönlands zu wagen.
Wegeners Bemühungen, eigenes Geld aufzutreiben, waren erfolgreich. Über 15.000 Mark wurden ihm von staatlicher und akademischer Seite zur Verfügung gestellt und machten ihn damit zu einem «selbständigen» Expeditionsteilnehmer.
Die Ziele der Expedition standen fest: Durchquerung Nordgrönlands – bislang unerforscht – von Osten nach Westen, Überwinterung auf dem Inlandeis und Erforschung der klimatischen Verhältnisse und des Eises Zentralgrönlands.
Schon am 18. April 1912 brach Alfred Wegener auf, in recht ungewöhnlicher Weise – mit dem Ballon nämlich – und nicht allein. Seine Verlobte Else, Bruder Kurt und die Schwester Tony begleiteten ihn. So fuhren sie von Göttingen bis nach Leer in Ostfriesland durch die Luft; dort setzten die beiden Brüder den Ballon ganz sanft auf einer Wiese nahe des Bahnhofs auf. *«Glatte Damenlandung!»* kommentierte Kurt trocken.

Abb. 7: Ballonflug im Familienkreis (1912); von links: Brüder Alfred und Kurt Wegener, Else Köppen (Alfreds Braut) und Schwester Tony Wegener.

Abb. 8: Familie Wegener und Ehepaar Köppen im Garten, Waltendorf/Graz 1926 (von links: Käthe Wegener, Marie Köppen, Else Wegener, Hilde Wegener, Ruth Knipping, Charlotte Wegener, Alfred Wegener, Wladimir Köppen).

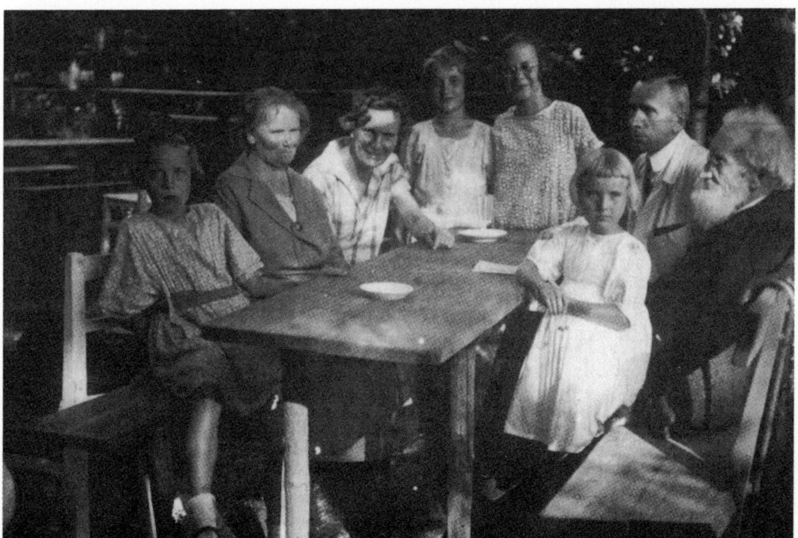

Damit war Elses langgehegter Wunsch, einmal selbst an einer Ballonfahrt teilnehmen zu können, endlich in Erfüllung gegangen.
Im Bremer Ratskeller feierten Alfred und Else Abschied von den Geschwistern. Sie selbst reisten anschließend nach Kopenhagen weiter, wo das Expeditionsgepäck, etwa 20.000 Kilo, langsam zusammenkam. Koch und seine Frau warteten schon dort.
In ihren Erinnerungen beschreibt Else die Begegnung mit dem Expeditionsleiter: *Ich hatte ein großes Zutrauen zu Koch gefaßt. Ein nordischer Wiking mit blondem Bart und blitzenden blauen Augen, wirkte er kühn und doch besonnen, energisch und doch voller Humor. Er gab ein Gefühl von Sicherheit und Stärke.*
Nun galt es, das Gepäck in Pferdelasten zu verpacken. Auch ein Überwinterungshaus wurde, in Einzelteile zerlegt, mitgenommen. Zur Probe stellten sie es auf einem Exerzierplatz auf, begleitet von der interessierten Presse. Frau Koch taufte es auf den Namen «Borg» (zu deutsch: «Burg»).
Vier Teilnehmer waren für die nun beginnende Expedition vorgesehen: Koch (42 Jahre) als Leiter, Wegener (31 Jahre), A. Lundager (44 Jahre), der auch bei ihrer letzten Reise dabei war, und der isländische Bauer Vigfus Sigurdsson.
Am 1. Juni 1912 verließen die Männer Kopenhagen.
Else Köppen hatte schon vor der Abreise ihre Stelle als Lehrerin gekündigt und fuhr jetzt weiter nach Oslo, damals noch Kristiania genannt, um dort elf Monate lang als Hauslehrerin der Kinder des norwegischen Geophysikers und Meteorologen Professor Vilhelm Bjerknes zu arbeiten. Da er einen Ruf nach Deutschland angenommen hatte, sollten seine Kinder die deutsche Sprache lernen. Nebenbei hörte Else Vorlesungen und lernte die skandinavischen Sprachen.
Die Expeditionsmannschaft war inzwischen auf Island angekommen. Dort absolvierten sie einen Probemarsch. Das hatte einen besonderen Grund. Anstatt der bislang gebräuchlichen

Hunde wollte man nämlich diesmal isländische Pferde als Zugtiere verwenden, da sich gezeigt hatte, daß Hunde für einen Transport von riesigen Gepäckmengen über schneefreies Land, Fjorde und blankes Eis ungeeignet waren. Koch hatte indessen bei seinen jahrelangen Vermessungsarbeiten auf Island gute Erfahrungen mit den kleinen, widerstandsfähigen Islandpferden gemacht.

So brach man bald zur Durchquerung der Insel mitsamt ihrer Gletscher auf, vorbei an erstarrter Lava und zwischen Geysiren und Fumarolen (Gasaushauchungen) hindurch, um die Leistung der 26 Pferde zu erproben und erste eigene Erfahrungen mit dieser Methode zu machen.

Nach zweieinhalb anstrengenden Wochen kehrten sie erschöpft zurück. Die Pferde hatten sich in jeder Hinsicht als geeignet erwiesen. Lundager aber mußte erkennen, daß er den Anstrengungen einer solchen Expedition nicht mehr gewachsen war. Um das Unternehmen nicht zu gefährden, schied er deshalb auf eigenen Wunsch aus, ohne Rücksicht darauf, was andere wohl denken mochten. Für ihn stieß nun der 26jährige Matrose Lars Larsen zur Gruppe.

Im Hafen wartete bereits ihr Expeditionsschiff, die «Godthaab». Am 5. Juli 1912 legte das Schiff ab.

4.

Durchquerung

Die zweite Grönlandexpedition

Au, verflucht!» Wegener stöhnte vor Schmerzen auf. Vorsichtig stützte er sich mit dem rechten Arm ab und schob seinen Rücken in eine etwas bequemere Lage. Dann nahm er den Stift wieder in die Hand und begann mit seinem Eintrag ins Tagebuch.

17. September. Ich liege hier mutterseelenallein in einer engen Kluft im kalbenden Steilrand des Inlandeises im Borgfjord und kann mich nicht aufrichten, geschweige denn gehen. Koch ging heute früh ohne Bagage von hier nach Kap Stop zurück, um mich im Verein mit Vigfus mit einem Pferdeschlitten zurückzuholen ... Die Geschichte kam durch Ausgleiten auf dem glatten Meereise. Ich fiel dabei höchst unglücklich auf meinen Photoapparat, den ich auf dem Rücken trug, und dieser bohrte seine eine Ecke in meinen Rücken links oberhalb des Beckenknochens ein. Was dabei entzweigegangen ist, weiß ich nicht, vielleicht werde ich es auch nie erfahren. Aber beim Versuch aufzustehen hatte ich starke Schmerzen und war nahe daran, das Bewußtsein zu verlieren. Ich mußte mich erst wieder auf das Eis hinlegen. Nach einer Erholungspause konnte ich mich aber in tief gebückter Stellung, auf meine eigenen Knie und einen Skistock gestützt, langsam vorwärtsbewegen. Koch überließ mir nun den Karabiner und ging zu unserm Schlitten zurück, der eine Meile südöstlich von uns stand, und holte diesen. Als er zurückkam, war ich ihm zirka zwei Kilometer entgegengekrochen, wobei ich allerdings eine 20 Minuten lange Pause hatte machen müssen und die Lebensgeister durch

Kolapastillen und Singen munterhalten mußte. Nun packte Koch mich im Schlafsack auf den Schlitten und zog mich bis zu unserm Zeltplatz zurück, wo er mir mit großer Umsicht und mit Rücksichtslosigkeit gegen sich selbst jede nur denkbare Erleichterung verschaffte. Heute befinde ich mich zwar sonst ganz wohl, kann aber noch immer nicht gehen. Gott sei Dank scheint es ja, daß ich mit einigen Tagen Schlafsackarrest davonkomme. Wenn so etwas auf der großen Tour passiert, ist man wohl fertig und tut am besten, sich zu erschießen. Jetzt ist natürlich kein Anlaß zur Befürchtung vorhanden, daß die andern drei durch meine Erkrankung in unmittelbare Gefahr kommen.

Da lag er also fest. Wie vom Pech verfolgt.

Mein Gott, und was hatten ihnen die letzten Wochen gebracht! Gleich nach der Ankunft in Danmarkshavn hatten sie den Pferden ein wenig Auslauf verschaffen wollen. Das Ergebnis war, daß sie über alle Berge verschwanden! Fast eine Woche lang mußten die Männer suchen, bis sie alle wieder eingefangen hatten. Jetzt wurden den Pferden nachts Fußfesseln angelegt.

Erst am 31. Juli hatten sie aufbrechen können.

Dann die Arbeit am Depot: härteste Sklavenarbeit! Die Heusäcke mußten festgeschnürt, die einzelnen Ladungen hochgewuchtet werden. Und morgens jedes Mal das Einfangen der zusammengebundenen Pferde, und Füttern, Geschirr anlegen und so weiter. Schließlich der Fluß Laxelv, der ohne Schwimmen nicht passierbar war. Zum Glück war ihm – Wegener – eine Idee gekommen: Aus zwei leeren Petroleumkannen und einem Küchenkasten hatten sie ein dreieckiges Floß gebaut; drei festgeschnürte Bretter verbanden die absonderlichen Schwimmkörper. Und damit ging es – wenn auch schwankend.

Wegener blätterte in seinem Tagebuch zurück. Ach ja, am 10. August waren wieder einige Pferde verschwunden.

10. August. Um ½ 12 Uhr waren wir schlafen gegangen, und als wir um 8 Uhr aus den Rentierhaaren krochen (aus den Federn entspräche nicht ganz den Verhältnissen), fehlten zwei Pferde.

Die beiden mußten losgekommen sein und waren vermutlich auf der Spur «heimgetrottet». Vigfus setzte sich sofort auf sein «Grauni» (ein großer Übeltäter, beißt mit einem Biß jeden Heu- oder Kraftfuttersack auf) und tobte in fliegendem Galopp hinter ihnen her. Schon nach dreiviertel Stunden kam er mit ihnen, wieder im Galopp, zurück. Dann wurden die Pferde erst gefüttert, und dann kriegten auch wir unsere Morgenhafergrütze. Es wurde auf diese Weise 11 Uhr, bis wir an den Bau unseres Patentfahrzeuges gehen konnten. Beim ersten Versuch blieb ich mitten im Strom stecken, wo auch die zusammengebundenen Eisstöcke, unsere Bootshaken, keinen Grund mehr fanden. Ich ließ mich zurückziehen. An einer anderen Stelle gelangte ich aber hinüber und machte unsere Leine an einem großen Stein fest. Morgen soll nun die Karawane hinübergehen.

Gloë, ihr Begleiter, der kleine isländische Hund, wieselte herein, schnoberte in Wegeners Zelt herum und ließ sich dann von ihm hinter den Ohren kraulen. Nein, er war natürlich nicht mit dem Floß über den Fluß gekommen, sondern zünftig geschwommen, so wie es sich für einen Islandhund gehörte. Gloë wollte jetzt einen Hermelin jagen gehen – wie neulich, deshalb winselte er und hob immer wieder auffordernd den Kopf und verstand gar nicht, weshalb dieser Mensch hier den ganzen Tag im Schlafsack lag und nicht anständig herumlief.

Ach, und erst die anfänglichen Versuche, aufs Inlandeis hinauf zu gelangen! Kläglich scheiterten sie, weil das Randeis noch viel zu dünn war oder die Spalten offenes Wasser zeigten. Mehrfach waren sie eingebrochen, einmal sogar mit einem Pferd, das sie mühsam retten mußten. Erst am 15. September hatten sie mit einer Expedition endlich Erfolg und fanden einen Weg aufs Inlandeis, der zur Not auch mit Schlitten begehbar war.

Wegener ging es mittlerweile etwas besser; er konnte aber nur langsam und in gebückter Haltung laufen, was eigenartig aussah. Doch der erste Transport glückte! Wegener saß als Patient hoch

oben auf den Heusäcken des letzten Schlittens. Der Weg über den Rand des Inlandeises ging weiter. Irgendwann später rüsteten sie den Zeltplatz, auf sehr unsicherem, spaltendurchzogenem Gelände. Sorgfältige Sicherungsarbeit war dazu notwendig.
27. September ... Ich habe mich gestern mit Fleischhacken und namentlich mit Eishacken beschäftigt. Wir verrichten hier nämlich gewaltige Ingenieurarbeiten: Mehrere kleine Spalten sind von Grund aus aufgefüllt, und eine große, bei der dies nicht möglich war, ist durch Loshacken zweier mächtiger Eisklötze, die breiter als die Spalte sind, überbrückt worden ... Heute arbeiten wir am Wege vor und hinter dieser Brücke. Er muß zum Teil einen halben Meter tief in das Eis hineingehauen werden, da wir sonst riskieren, daß die Schlitten auf der steilen Halde ins Rutschen kommen und seitwärts in der Gletscherspalte verschwinden. Gestern haben wir auch unseren hiesigen Pferdestall fertiggebaut. Unterbau: Eis, Oberbau: Proviantkisten, Dach: Pferdedecken. Er hat eine richtige Krippe, die ins Eis eingehauen ist und daher den Vorteil hat, daß die Pferde kein Wasser brauchen. Sie knabbern einfach an der Krippe, wenn sie Durst haben. Auch eine Tür ist vorhanden, kurz, wir sind dem Begriff «Pferdestall» schon ziemlich nahe gekommen ... Koch und Vigfus sind heute abend auf eine Stunde hinauf auf das Inlandeis geritten, um sich den Weg dort oben etwas anzusehen. Der Bescheid, den sie mitbrachten, war nicht sehr ermutigend. Namentlich am Anfang sind Spalten und tiefeingeschnittene Oberflächenbäche zu passieren, bei denen wieder Ingenieurarbeit mit der Eishacke nötig ist, wenn wir die großen Schlitten wohlbehalten hinüberschaffen sollen. Nun wollen wir alle vier mit einem Transport von sechs Schlitten, auf denen namentlich das ganze Haus geladen ist, versuchen, in zirka fünf Tagen Dronning-Louise-Land zu erreichen und dort sofort das Haus zu bauen, wo ich dann wohl zurückbleibe, während die andern die Transporte fortsetzen. Wir haben mit dem Laden der Schlitten begonnen, eine große Arbeit, die sehr viel Sorgfalt erfordert.

Im Eis

Und plötzlich – gänzlich unerwartet – standen sie an der Schwelle des Todes.

30. September. Mittags. Welch eine Nacht! Es ist ein fast unbegreifliches Wunder, daß wir noch am Leben sind und daß von unserer Bagage anscheinend nichts verlorengegangen ist. Das Inlandeis hat gekalbt; in großartigem Stil, gerade hier an unserer Aufstiegsstelle. Ich will zunächst meine unmittelbaren Eindrücke zu schildern versuchen. Ich erwachte vom Krachen im Eise. Daran war nun zunächst nichts Merkwürdiges, das hatten wir ja hier alle Augenblicke tags und nachts, aber das Krachen dauerte an, und bald mischte sich ein anderer, früher noch nicht gehörter Laut hinein. Es war wie ein Sausen und Zischen und Knirschen, anscheinend von der ganzen Gletscherfront herkommend und lange anhaltend. Und in diesen höchst unheimlichen, wenngleich keineswegs ohrenbetäubenden Laut mischte sich das Poltern herabfallender Eisblöcke seitwärts und sogar hinter, also landwärts, dem Zelt. Jede Spur von Schläfrigkeit war wie weggeblasen, es war sofort klar: jetzt kalbte der Gletscher und wir waren in Gefahr! Ich kroch aus dem Schlafsack, so schnell es meine Rückenschmerzen zuließen. Gleichzeitig eilten Koch und Vigfus aus dem Zelt, in Unterhosen und barfuß, Koch mit seinen Kamikkern in der Hand. Trotz größter Eile vergingen etwa zwei Minuten, bis ich ihnen folgte. Ich hatte inzwischen meine Kamikker angezogen und festgebunden, was wegen meiner Schmerzen nur langsam ging. Dabei fühlte ich, wie sich unsere Zeltscholle bewegte und das Zelt sich neigte. Währenddem hielt dieser unheimliche Laut an, mehrfach an- und abschwellend. Als ich ins Freie trat, galt mein erster Blick dem Mond. Er stand hoch am Himmel. Gott sei Dank, Mondschein, dachte ich, so kann man doch wenigstens etwas sehen. Aber wie sah die Umgebung unseres Zeltplatzes aus! Da, wo unser Fahrweg zum Meereis hinausgeführt hatte, ragte – 30 Meter vom Zelt und 20 Meter vom Pferdestall! – ein schwarzer Eiskoloß drohend überhängend in den Mondhimmel hinauf! (Höhe zirka 15 Meter.) Auf der schräg nach unten gewendeten Seite sahen wir später unsere Spuren. Es war die äußere Hälfte unserer Scholle, die gekentert war. Der Rest der Scholle, auf der unser Zelt, Pferdestall, Petroleum und ein großer Teil unserer anderen Bagage standen, wurde mit Eisblöcken überschüttet, einige kleinere lagen unmittelbar vor der Zelttür. Dann sah ich, daß die südliche Seitenwand unseres Tales – ebenfalls 30 bis 40 Meter vom Zelt – seewärts fehlte. Aber im Meere davor wuchs eine Eismauer empor, höher und höher, brausend und zischend und im Mondschein glitzernd – ein faszinierender Anblick. Es war der an der Südseite losgelöste Eisberg, der sich nach dem Kalben wälzte und seine wassertriefende Seite hoch in die Luft hinauftrug. Unsere Zeltscholle war fortwährend in wogender Bewegung. Die großen Veränderungen in der Nähe des Zeltes hatten zwar jetzt aufgehört, aber infolge des Schwankens unserer Scholle, des unausgesetzten Krachens und Splitterns an ihren Rändern und des Fortdauerns des Höllenorchesters spiegelten mir meine aufgeregten Sinne vor, es sei alles um mich herum in Bewegung. Ich wendete mich landeinwärts, um Koch und Vigfus zu folgen, die weit vor mir, schon halb hinauf auf unserem Ingenieurwege, zu sehen waren, und Larsen, der als letzter aus dem Schlafsack gekrochen war, folgte mir. Wir kamen indessen nicht weit, denn die Spalte, die unsere Scholle landeinwärts begrenzte, war mehr als doppelt so breit wie vorher, und die Brücke fehlte. An der Nordseite, wo unsere Scholle ganz zersplittert war, konnte man vielleicht über die Trümmer hinüberklettern. Aber mir war das wegen meines Rückens nicht möglich, und so gab ich dies auf. Daß auch Larsen blieb, war mir ein gewisser Trost, doch machte ich mir im Augenblick keine Gedanken darüber. Ich glaubte, Koch und Vigfus seien an dieser Stelle hinübergeklettert. Sie waren aber in Wirklichkeit noch über die alte Brücke gegangen, kamen aber jetzt mit Hilfe eines Eisstockes über die Trümmer zurück. Es war die höchste Zeit, namentlich für Vigfus, dessen Füße bereits bluteten. Und noch immer dauerte das unheimliche Sausen und Zischen an. Als Koch neben mir stand, sahen wir beide, wie der Eisberg, der sich von der nördlichen Talseite gelöst hatte, sich wälzte. Wir sahen draußen, doch noch in bedrohlicher Nähe, eine gewaltige Eismasse mit rasender Fahrt – Koch schätzte sie sofort auf sieben Meilen – von Nord nach Süd schießen. Nach und nach flaute der Höllenlärm ab, das Sausen hörte auf und begann nur noch einige Male in größerer Ferne, und wir schöpften Mut, daß wir von weiterem verschont blieben. Die anderen gingen, durchkältet wie sie waren in ihrem leichten Zeug, wieder in den Schlafsack, um warm zu werden. Ich blieb noch eine Zeitlang draußen, um mir über den Umfang der Katastrophe mehr Klarheit zu verschaffen. Zunächst ging ich zum Pferdestall. Die Pferde waren alle wohlbehalten, aber die Rückwand des Stalles, die aus Proviantkisten gebaut war, war eingestürzt und lag im Stall, ohne doch den Pferden damit einen Ausgang zu verschaffen, was sehr gut war. Einen Meter von dieser Rückwand begann jetzt die Rinne zwischen unserer Scholle und der südlichen Talwand, in der alles durch die wogende Bewegung der Scholle zermalmt war. Wie durch ein Wunder war der Pferdestall, der zwischen den von der letzten Kalbung zermalmten Blöcken gebaut war, verschont geblieben. Das gleiche gilt vom Zelt, das gleichfalls unmittelbar neben solchen Blöcken stand, die sogar so drohend überhingen, daß sie mir von Anfang an ungemütlich vorgekommen waren. Drei bis vier Meter hinter dem Zelt waren diese Blöcke zusammengestürzt. Ich schlug vor, das Zelt umzusetzen.

Zuerst wollte Koch nicht, doch stimmte er zu, nachdem wir gemeinsam noch eine Lokalbesichtigung gemacht hatten, und jetzt, während ich schreibe, hausen wir bereits mitten auf unserer jetzt allerdings sehr verkleinerten Scholle. Eine Menge Kisten, die an der Nordseite unserer Scholle aufgestapelt waren, sind abgesunken, darunter auch der Thermometerschrank, aber anscheinend wohlerhalten geblieben und können wieder heraufgeholt werden. Wir fragten uns verwundert, wie es möglich war, daß diese ungeheure Verwüstung so nahe an uns herangetreten war, ohne daß es uns das Leben gekostet hat, ja anscheinend ohne daß ein Stück unserer Bagage verlorengegangen ist. Wir schliefen nicht mehr in dieser Nacht. Nach einer Stunde ängstlicher Spannung, die wir im Schlafsack zubrachten, war es 5 Uhr geworden, und Vigfus bereitete die Morgenhafergrütze. Als wir gegessen hatten, war es hell geworden, und wir gingen hinaus, um uns bei Tageslicht die Verwüstung zu besehen. Kilometerweit ist das Meer mit Eisbergen und Trümmern bedeckt. Auch landeinwärts von uns hat sich die Kalbung in sehr unangenehmer Weise geltend gemacht. Eine breite Spalte geht durch unseren mit so viel Mühe angelegten Weg. Brücken sind eingestürzt, und das Terrain ist so verändert, daß wohl mehrere Tage gearbeitet werden muß, bis wir unseren Aufstiegsweg wieder in Ordnung haben. Solange müssen wir notgedrungen in unserer Lage verharren. Dabei sind wir jetzt – auf unserer kleinen Scholle ganz am Rande des Inlandeises – so exponiert, daß wir auch die kleinste Kalbung nicht mehr ohne Katastrophe ertragen können. Der Himmel mag wissen, ob es gut geht und wir mit dem Leben und unserem Gepäck aus diesem Tal herauskommen.

Was hier so langatmig geschildert wurde, trug sich in erstaunlich kurzer Zeit zu. Der ganze Vorgang, vom Anfang des geschilderten Zischens bis die anderen wieder im Schlafsack lagen, dauerte zehn Minuten. Und in diesen zehn Minuten ist der Fjord vor uns und seitwärts zirka einen Kilometer weit so dicht mit Eisbergen und kleinen Kalbeisstücken bedeckt, daß von der Meeresober-

fläche anscheinend nichts übriggeblieben ist. Welch eine Kraftentfaltung! Kommen wir mit dem Schrecken davon, so glaube ich, wir werden später auf dieses Erlebnis Wert legen, denn wir sahen, was nicht leicht einem Menschen zu sehen vergönnt ist, ohne daß er dafür mit dem Leben bezahlen muß.

Das Kalben eines Gletschers war zuvor erst zweimal von Wissenschaftlern beobachtet worden, jedes Mal allerdings aus beträchtlicher Entfernung. Dieses Mal waren Forscher jedoch unmittelbar dabeigewesen, von einem gütigen Schicksal beschützt.

Am 4. Oktober hatten sie fast alles Gepäck – über 7000 Kilo! – auf das Inlandeis hinaufgeschafft und fühlten sich etwa 750 Meter vom Gletscherrand entfernt einigermaßen sicher.

Nun sollte es über das Eis hinweg nach Dronning-Louise-Land gehen, um dort, wie geplant, das Winterhaus aufzubauen und die Station einzurichten. Doch einige Versuche zeigten jetzt deutlich, daß dies unmöglich durchzuführen war. Die Schlitten würden einen Transport des gesamten Gepäcks nicht aushalten und vorher auseinanderbrechen wegen der unerhörten Belastungen durch das schwergängige Knolleneis, das sie unter sich hatten.

Nach langen Überlegungen beschlossen die Männer deshalb, ihren Plan zu ändern und statt dessen auf dem Inlandeis zu überwintern, die Station also umgehend an Ort und Stelle einzurichten, natürlich weit genug vom Rand entfernt, um nicht einer weiteren Kalbung ausgesetzt zu sein.

14. Oktober. Gestern, am Sonntag, hatten wir es zum ersten Male einigermaßen gemütlich in unserer «Borg». In den ersten Tagen waren wir nahe daran gewesen zu ersticken, da der vorgesehene Abzug nicht ausreichte. Jetzt haben wir zwei neue Luftröhren angebracht, eine oben, gerade über mir, und eine unten, und jetzt haben wir gute Luft und trotzdem ausreichende Wärme, auch die Lampe brennt jetzt wieder richtig, die zuerst ganz gestreikt hatte. Auch unser Fenster ist jetzt in Ordnung, und wir haben viel Freude an den künstlichen Blumen, die im

Doppelfenster angebracht sind. Sie sind ein Geschenk von Frau Koch. Wir lernen allmählich mit dem Petroleumofen umgehen, und alles deutet darauf hin, daß der Winteraufenthalt im Hause recht angenehm werden wird. Heute habe ich auch mit der Einrichtung der meteorologischen Station begonnen und die englische Hütte und die Windfahne aufgestellt.

Mittlerweile war auch der Pferdestall eingerichtet worden. Weitere Pferde mußten nun erschossen werden und dienten als zusätzliches Futter; nur fünf Tiere, die überwintern sollten, blieben übrig. Die meteorologische Station war ebenfalls aufgebaut worden und arbeitete zufriedenstellend, wenn auch mit den bekannten Störungen wegen der außerordentlichen Kälte.

Dann begann die Polarnacht ...

Die Expedition nach Dronning-Louise-Land mußte erst wegen einsetzenden Schlechtwetters verschoben werden. Aber am 29. Oktober ging es los. Auch wenn der Weg unausgesetzt Schwierigkeiten bot, erreichten sie ihr Ziel.

Am 5. November erlitt Koch einen Unfall, den Wegener in seinem Tagebuch beschreibt:

5. November. Hat sich denn alles gegen uns verschworen? Nun liegt Koch mit einem verstauchten Fuß – wenn es kein Knöchelbruch ist –, einer dicken, blutigen Stirn und Fieber da, und wir fürchten noch immer, daß sich noch gefährlichere Schäden herausstellen. Er fiel heute vormittag in eine Gletscherspalte. Zusammen mit Larsen war er heute früh aufgebrochen, um an unserem früheren Depot und in der Aufstiegsschlucht eine Basis auszumessen und ein Nivellement vom Meeresspiegel bis zur Borg herauf auszuführen. Nach Markierung der Basisenden gingen sie zur Aufstiegsschlucht hinab, Larsen mit einem Stock voran, Koch mit dem Theodoliten, aber ohne Stock, hinter ihm. Bereits bei der ersten Spalte, die jetzt wie die andern mit Schnee bedeckt ist, brachen sie ein, ohne aber Schaden zu nehmen. Die zweite Spalte, die gleichfalls gedeckt war, sahen sie als Versenkung angedeutet. Larsen ging als erster hinüber, ohne einzubrechen. Koch glaubte nun, der Schnee über der Spalte trüge und trat mitten darauf. Er fiel nach Schätzung acht Meter tief, schlug dabei mit dem Kopf an die eine Eiswand und fiel auf einen von der Wand her blattförmig abgespalteten Eiskamm, wobei er sich einen Finger der rechten Hand beschädigte und mit dem rechten Fuß zu Schaden kam. Ich war gerade in der Dunkelkammer mit Entwickeln beschäftigt, als Larsen schweißtriefend mit der Unglücksbotschaft zurückkam. Wir teilten uns auf meinen Vorschlag so, daß Vigfus und ich mit der Strickleiter, einer Trosse und der Eisaxt auf Ski vorausgingen, während Larsen mit dem Handschlitten und Kochs Schlafsack nachkam. In dem unsicheren, schattenlosen Dämmerlicht war es nicht immer leicht, die Herrschaft über die Skier zu behalten, und die Ungeduld machte es nicht leichter. Wie werden wir Koch vorfinden? Diese Frage ging unausgesetzt in meinem Gehirn herum. Mit Kochs Persönlichkeit steht die Existenz der ganzen Expedition auf dem Spiel. Ist es denkbar, daß ein Mensch mit möglicherweise schweren Verletzungen zwei Stunden lang bewegungslos in dieser Kälte aushält, ohne zu erfrieren? Endlich kamen wir auf den sanften Abhang, der sich weiterhin in das Aufstiegstal fortsetzt. Ich rief, so laut ich konnte, hallo, damit Koch hören sollte, daß wir nun kämen. Ich atmete etwas auf, als Koch aus der Tiefe auf meine Fragen antwortete, er hätte wahrscheinlich nur den Fuß verstaucht und wäre nicht erfroren. Wir fierten nun die Strickleiter hinunter und gaben die Taschenlampe mit hinab, da Koch sich nach dem Theodoliten umsehen wollte, der mit hinabgestürzt und verlorengegangen war. Leider blieb das Suchen ohne Erfolg. Wir werden noch einmal in die Spalte hinab müssen, denn der Theodolit ist für unsere Reise über das Inlandeis fast unentbehrlich. – Koch konnte nun den größten Teil der Strickleiter ohne fremde Hilfe hinaufklettern. Die letzten drei Meter drohten ihn aber die Kräfte zu verlassen. Da reichten wir ihm ein Seil und zogen ihn hinauf. Ich erschrak über sein Aussehen. Von seiner Stirnwunde war ihm das Blut über das Gesicht gelaufen, und seine Gesichtsfarbe war fast grau, offenbar kämpfte er dauernd mit einer Ohnmacht. Indessen konnte er sich selber aufrichten und mit einem Stock die paar Schritte zum Schlitten schleppen, mit welchem Larsen inzwischen gekommen war. Zu Hause versuchten wir festzustellen, was geschehen war. Koch selber meint, es wären nur die Muskeln und Sehnen, während mir ein Knöchelbruch nicht unwahrscheinlich vorkommt ...

11. November. Wir fühlen uns wirklich etwas vom Glück verlassen. Nach zweitägigem Suchen in der Spalte haben wir den Theodoliten aufgeben müssen. Es waren große Mengen Treibschnee hineingeweht worden, das Eisblatt, auf dem Koch hängengeblieben war, lag jetzt unter vier Meter Schnee, und das Graben im Schnee war wegen der Enge der Spalte schwierig ... Auf Kochs Wunsch maß ich auch eine Temperatur im Schnee, wobei das Thermometer so in diesen hineingesteckt wurde, daß die Kugel die Eiswand berührte. Es zeigte –14,5 gegen –16 Grad Lufttemperatur. Der Punkt, wo gemessen wurde, liegt zirka 15 Meter unter der Eisoberfläche ... Nun ist der Theodolit endgültig weg und damit unser einziges exaktes Winkelmeßinstrument, auf das auch ich für manche meteorologische Zwecke gerechnet hatte. Zeitbestimmungen im Winter (die armen «gleichzeitigen» Nordlichtbeobachtungen mit Kurt!), Kartographie, Messung der Gletscherbewegung, Navigation auf der großen Durchquerungsreise, Messungen an Sonnenringen und eventuell an Luftspiegelungen – alles dies wird jetzt ungenau, sofern es nicht überhaupt aufgegeben werden muß ... Koch geht es besser, wenn auch nur langsam.

Mehr und mehr verstanden sie durch ihre Untersuchungen und Bohrungen (bis 24 Meter tief!) nun auch das rätselvolle Geschehen im Eis. Die Expedition war ja die erste, die direkt auf dem Rücken des Inlandeises überwinterte, so daß ihre Ergebnisse einen besonderen Wert besaßen. Wegener photographierte weiterhin die aufleuchtenden Nordlichter oder zeichnete sie neben genauen Messungen. Später würde er sie mit den

Beobachtungen Kurts vergleichen können, der zur selben Zeit auf Spitzbergen weilte und ebenfalls die Nordlichter erforschte. Die Kälte nahm unbarmherzig zu.

10. Januar. Inzwischen haben wir unter –50 Grad gehabt. Bei so tiefen Temperaturen wird es nachts, wenn der Petroleumofen gelöscht ist, bitter kalt. Wir frieren in unseren Schlafsäcken, und wenn wir morgens aufstehen, herrschen etwa –10 Grad im Haus. Alles ist gefroren, und die Wände und die Decke sind mit einer dicken Schicht Eis und Reif bedeckt. Unsere Borg verschwindet immer mehr in den höher wachsenden Schneewehen, zum Frühjahr wird wohl nur noch die Fahnenstange heraussehen.

17. Februar. Die Sonne ist wieder da! Einer großen Länge kann sich der Tag freilich noch nicht rühmen, aber er macht Fortschritte mit Siebenmeilenstiefeln, und heute mittag erregten bereits einige merkwürdige Farbenflecke auf der dem Fenster gegenüberliegenden Wand die allgemeine Aufmerksamkeit, indem sie nach eingehender Prüfung als Sonnenschein – man merke wohl: «Sonnen»-«Schein»! – angesprochen wurden! Sonnenschein im Hause! In dieser verräucherten, rußgeschwärzten Giftbude, deren einst weiße Decke längst nicht mehr grau, sondern schwarz, pechschwarz ist, – Sonnenschein! Herrjemine, wie man jetzt den Dreck sieht! – Schon am 14. sahen wir mittags etwas, was man als den Oberrand der Sonne bezeichnen konnte, am Horizont entlangkriechen, worauf wir stolz ins Freie gingen und im «warmen Sonnenschein» – die Temperatur war wirklich ungewöhnlich hoch, nur –30 Grad – unsere «Sonnen»-Zigarre rauchten. Am folgenden Tag war es leider bewölkt, aber gestern mittag zog alles, was Beine hatte, hinaus, um Schatten zu werfen! Dies gelang zwar nur in bescheidenem Maße, aber wir machten doch eine hübsche zweistündige Skitour, und die Pferde kriegten etwas Bewegung.

Neue Pläne entstanden. Und alles richtete sich auf die «große Reise» aus, die Durchquerung der Insel. Stück für Stück wurden die Depots vorgeschoben, um für später bereitzustehen. Stützpunkt blieb jedoch die heimatliche «Borg».

Quer durch

Am 20. April endlich konnte das große Abenteuer beginnen. 1000 Kilometer und mehr lagen vor ihnen.

Alfred Wegener befand sich im 33. Lebensjahr, als der Marsch durch die weiße Wüste begann. Das Inlandeis zeigte sich von seiner ungemütlichsten Seite. Dauerndes Schneefegen und eiskalter Wind machten das Fortkommen schwer. Die Männer strauchelten oft und fielen hin auf dem unebenen Firn. Bald waren die Schneebrillen völlig verklebt. Zuletzt überwältigte sie noch ein gewaltiger Schneesturm. Es war mörderisch.
Tagelang lagen sie in ihren Schlafsäcken, dem einzigen Platz, wo sie sich einigermaßen warmhalten konnten. Alle Kleidungsstükke waren allerdings naß, auch die Schlafsäcke selbst. An Trocknen war nicht zu denken, der Treibschnee vereitelte es sofort. Schmerzhafte Erfrierungen kamen hinzu. Das ganze Zelt war innen mit Reif bedeckt, die Stimmung gänzlich auf dem Nullpunkt.
Am 5. Mai endlich konnten sie weiterziehen. Das Wetter war nun wahrhaft prächtig. Mühelos glitten die Schlitten über das leicht geschwungene, blanke Eis dahin. Die Sonne strahlte, als wollte sie alles Versäumte nachholen.
Bisher hatten sie wegen des Gepäcks die Strecken doppelt abfahren müssen, nun würde es beim einmaligen Transport bleiben. Das hieß jetzt, das Gewicht überall soweit wie möglich zu reduzieren. Vieles mußte deshalb zurückbleiben. Und die Verpflegung bestand ab jetzt aus einfachem Reiseproviant, also

vorwiegend aus eintönigem Pemmikan, dem getrockneten Dauerproviant.

Dennoch blieben jeweils fast 700 Pfund Gepäck auf jedem Schlitten.

Es hatte auch keinen Zweck, auf anderes Wetter zu warten. Das Schneefegen, so mußten sie allmählich erkennen, war hier oben im Randgebiet der normale Zustand. So blieb es tatsächlich, weitgehend.

Für die Pferde wurde es immer schwerer, mit den hochbeladenen Schlitten gegen den Schneewind anzukämpfen. Am 9. Mai gab zum ersten Mal ein Pferd auf. «Polaris» hieß es. Es hatte sich maßlos überanstrengt und streikte nun. Sie mußten das Zelt aufschlagen.

Auch der nächste Tag brachte sie nicht weit voran:

10. Mai. Nach 13 Kilometern Marsch mußten wir Zelt schlagen. Zehn Meter Wind je Sekunde. Schneefegen und -20 Grad Kälte, das sind doch wirklich harte Reisebedingungen! Man weiß nur nicht, was greulicher ist, der Marsch gegen diesen treibenden Schnee, bei dem man dauernd im Kampf mit Erfrierungen liegt und einem das Gesicht mit Eis zuwächst, oder der Aufenthalt in dem für vier Personen eigentlich zu kleinen Zelt, dessen Wände fingerdick mit Reif bedeckt sind, und in welchem alles, aber buchstäblich alles, vom Schlafsack und der Fußbekleidung bis zur Spirituspfanne auf dem Primus mit Treibschnee gefüllt ist, und trotz ständigen Reinigens immer wieder neu gefüllt wird. Leider versagten die Pferde heute fast ganz. Zwei von ihnen haben kranke Augen von dem Treibschnee bekommen und sind so kraftlos, daß sie auch mit halbbeladenem Schlitten nicht mehr mitkommen können. Der Himmel mag wissen, wie sich die Sache entwickelt. Wir wollen nun versuchen, zwei kurze Märsche täglich, mit langer Mittagspause, auszuführen. Vielleicht halten die Pferde dies besser aus als einen langen …

Larsen hat in seinem privaten Gepäck einen Spiegel, der heute die Runde machte, und wir haben uns daher selbst einmal gesehen. Am meisten mitgenommen ist meine Nase, die Haut hängt in Fetzen herab, und sie ist eine einzige Frostwunde, auch das Kinn ist vollständig verbrannt. Es ist nur gut, daß einige Zeit vergeht, bis man mich in der zivilisierten Welt wiedersieht. Man würde denken, ich hätte Aussatz.

15. Mai. Ein böser Tag! Wir haben soeben «Polaris» erschießen müssen. Wir konnten ihn heute nur mit Ach und Krach eine Meile weit bringen, dann streikte er ganz. Dabei ist seine Schlittenlast lächerlich klein, viel kleiner sogar als die vom «Kavalier», der heute ganz brav marschierte. Wir müssen nun einen Rasttag machen, damit unsere Last geringer wird, bevor wir sie auf jetzt nur vier Schlitten verteilen.

Dann wurde das Wetter wieder unbarmherzig schlecht. Sie mußten unterbrechen. Tagelang. Die Gedanken wurden stumpf dabei und drehten sich zunehmend nur noch um äußerst nichtssagende Dinge. Immer wieder die gleichen Dinge. Fast krankhaft.

Am 21. Mai folgte dem ersten Opfer der Eiswüste das zweite. Kaum einige Kilometer von dem schon halb zugeschneiten «Polaris» entfernt mußten sie ihren «Kavalier» erschießen.

Mit nur drei Pferden ging es weiter. Unter ihnen arbeitete das Eis. Die Kräfte ließen jetzt zunehmend nach. Besonders die Pferde bereiteten den Männern Sorgen.

26. Mai. Alle drei Pferde sehen jetzt sehr schlecht aus, und wir sind in Sorge um sie alle. Schon morgens hatten wir die Last des «Roten» vermindert, zum größten Teil auf Kosten der «Dame». Mittags haben wir sehr stark gefüttert, und der «Rote» ging nach der Rast ganz stolz mit. Aber nun wurde es der «Dame» zu viel. Vigfus und ich spannten uns vor und zogen mit (auf Ski, was ganz gut geht). Trotzdem wurde sie zum Schluß sehr matt, so daß wir ihretwegen etwas in Sorge für morgen sind. Wir scheinen zu viel von den Pferden zu fordern, denen offenbar die große Seehöhe in den Gliedern liegt. Wir müssen stärker füttern und uns mit kurzen Tagesmärschen begnügen, sonst geht es schief mit

Abb. 9: Durchquerungsexpedition, Grauni hinter dem Schlitten.

Abb. 10: Die Fähre am Laxelv.

allen dreien. Von dem Ziehen bin ich heute so müde, daß ich mich kaum auf den Beinen halten kann, wohl auch eine Wirkung der Höhe. Wir wissen nicht, ob einer von uns die Westküste lebend erreichen wird ...

2. Juni. Der heutige Tag bedeutet praktisch den Zusammenbruch des «Roten» und der «Dame». Die Wüste fordert weitere Opfer, wir wollen aber alles aufbieten, um ihr dieselben noch bis zu dem geplanten Rasttag vorzuenthalten. Schon nach sieben Kilometern versagte der «Rote», so daß Vigfus und Larsen von da ab praktisch seinen Schlitten ziehen mußten. Die «Dame» hielt sich zwar etwas besser, doch mußte ich zum Schluß auch mitziehen, und dennoch war sie ganz erschöpft, als wir Zelt schlugen. Die Chancen, «Grauni» zu retten, werden geringer und geringer. Jetzt ist er zwar noch im Besitz seiner normalen Kräfte, aber die jetzt schon monatelange Arbeit, bei der er immer den Löwenanteil nahm, ist wohl auch nicht spurlos an ihm vorübergegangen, und sobald die beiden andern Pferde gefallen sind, wird es nicht mehr lange dauern, bis wir auch ihn überanstrengt haben.

Während der Reise setzten die Forscher regelmäßig ihre Messungen fort: des Eises, der Höhe und besonders der Temperaturen in unterschiedlichen Höhen. Kein Mensch hatte bisher die Wetterverhältnisse des Inlandeises erforscht.

Noch immer stiegen sie auf. Am 9. Juni erreichten sie eine Seehöhe von 2853 Metern, am 13. Juni dann den höchsten Punkt mit 2935 Metern. Noch 400 Kilometer lagen vor ihnen.

Jetzt marschierten sie schon gegen halb vier Uhr früh jeden Tag los, um die warme Zeit mittags am Zeltplatz ausnützen zu können. Koch hatte sich den großen Zeh am linken Fuß so oft erfroren, daß sie befürchteten, er müsse abgenommen werden. Wegener fror, wie gewöhnlich, besonders stark an der Nase.

Am 11. Juni mußten sie aus Futtermangel den «Roten» erschießen. Die «Dame» hatten sie schon eine Woche vorher verloren. Es blieb ihnen nur noch ein Pferd, ihr «Grauni».

Nun begann der Kampf um Leben und Tod.

20. Juni. Zirka 23 Kilometer zurückgelegt und dabei nahezu 100 Meter bergab gegangen. Jetzt wird es also Ernst mit dem Abstieg. Grauni ist jetzt trotz des reichlichen Futters abgemagert und auch matt, auch ist sein linkes Auge krank (wohl schneeblind, auch Gloë ist etwas schneeblind) und eitert. Wenn er nur aushält! Zu ziehen hat er fast nichts mehr, da wir alle mithelfen und der Wind den Schlitten fast allein zieht. Aber das bloße Gehen in dem immer noch weichen Schnee ist offenbar trotz der Schneeschuhe recht anstrengend für ihn ... Die Temperatur hält sich jetzt auf zirka –5 bis –10 Grad, ein uns noch nicht recht gewohnter Zustand.

22. Juni. Armer Grauni! Heute früh stiegen deine Aktien, aber jetzt sind sie so tief gefallen, daß sie sich wohl kaum wieder erholen werden. Das Wetter klarte heute früh auf, und den ganzen Tag über herrschte blauer Himmel und prächtiges Reisewetter. Aber mit Graunis Kräften ging es sichtlich zu Ende. In der einstündigen Futterpause nahmen wir ihm die Schneeschuhe ab, da der Schnee wieder härter geworden ist und von Tag zu Tag härter wird. Das brachte ihm vorübergehend eine Erleichterung. Aber in kurzer Zeit war auch diese Stimulanz erloschen und seine Kraft erschöpft. Den Schlitten brauchte er nicht zu ziehen, das besorgte der Wind und wir andern. Aber er konnte sich selbst nicht mehr vorwärts schleppen und war nahe daran zu stürzen, als wir es aufgaben und Zelt schlugen, ohne die in Aussicht genommene Distanz zu haben. Wir fürchten, morgen werden wir den Marsch noch früher abbrechen müssen, und damit wäre ausgemacht, daß wir die für Graunis Rettung nötige Marschgeschwindigkeit nicht halten können. Wenn ich doch zu schwarz sähe!

Trotz dieser Tragödie setzten die Männer unbeirrt ihre wissenschaftlichen Messungen fort, jetzt zum Beispiel des Jungschnees. Sie durften die Ziele der Expedition nicht aus den Augen verlieren, trotz alledem.

28. Juni. Etwa zwei Kilometer legten wir auf eine originelle

Weise zurück, für welche wir – soweit mir bekannt ist – die Priorität besitzen: Wir packten Grauni auf den Schlitten und banden ihn dort fest, und dann zogen wir selbst den Schlitten! Es war nur eine Probe. Bedeutung kann dieser Versuch nur dann bekommen, wenn wir starken Wind im Rücken haben. Heute war der Wind zu schwach. Daher gaben wir die Sache denn bald wieder auf und packten Grauni wieder herunter, der dann noch ganz munter eine Meile hinter dem Schlitten herlief. Wir denken doch, daß wir ihn jetzt retten. Wenn er nur weiter so aushält wie die letzten drei Tage, so sind wir wohl in drei Tagesmärschen am Depot, und so lange reicht wohl das Futter, wenn wir ihm noch mit Brot, Erbsenmehl, Fleischschokolade und was er sonst mag von unserem eigenen Proviant aushelfen.

… Eben hat Koch eine Länge ausgerechnet, wonach wir nur noch 63 Kilometer vom Depot entfernt sind. Dabei sehen wir noch keine Spur von Land vor uns, und unsere Höhe beträgt noch immer 2162 Meter! Hätten wir nicht Grauni mitzuschleppen, so würden wir diese Strecke in einem Tagesmarsch hinunterrutschen. So werden es wohl zwei werden … Sehr spannend ist nun die Frage, ob die Längen stimmen. Kurz nachdem wir in die Schlafsäcke gekrochen waren, wurde es windstill, und die Sonne heizte unser Zelt wie einen Backofen. Daß die Natur hier doch niemals maßhalten kann!

4. Juli. Larsen und ich sind soeben vom Depot zurückgekehrt, während Koch und Vigfus zum Laxe-Elv weitergegangen sind und erst morgen wieder zu uns stoßen werden. Am Morgen war der «Übergang über die Beresina» ziemlich leicht. Durch Fallen des Wassers war die Breite soweit eingeschrumpft, daß unser Schlitten als Brücke hinüberreichte. Grauni wurde hindurchgezerrt. Er fiel und wurde ganz naß. Um ihn nicht allzusehr frieren zu lassen, ging Koch mit ihm voraus, während wir erst den Schlitten wieder beluden. Als wir endlich nachfolgten, sahen wir bald, daß wir in eine typische «Randzone» recht bösartiger Natur hineinmarschierten. Bei den Nunatakkern begann das

Vergnügen: Spalten, Oberflächenbäche, Schmelzknollen, Mittagslöcher von einem halben Meter Breite und ein Meter Tiefe, alle diese bekannten Dinge, die den Glaziologen so begeistern, aber das Fortkommen mit Schlitten fast unmöglich machen, erwarteten uns hier. Wir sahen schließlich ein, daß wir nicht weiterkommen konnten, schlugen Zelt und gingen nach hastig eingenommener Mahlzeit ohne Gepäck zum Depot. Wir fanden es ohne ernstliche Schwierigkeit, aber es war eine arge Kletterei über große Steine. Es war ein ganz eigentümliches Gefühl, nach all diesem Schnee einmal wieder Land, richtiges Land, unter den Füßen zu haben, Blumen im Winde wiegen zu sehen, Hummeln und Schmetterlinge zu beobachten und dem Gezwitscher der Vögel zu lauschen. Wie ein Paradies kam uns diese, von normalen Menschen sicher für recht trostlos angesehene Moränenlandschaft am Eisrande vor. Ein kaltes aber gleichwohl lukullisches Frühstück wurde gekrönt durch eine Zigarre. Bei letzterer wurde Kriegsrat gehalten, dessen Resultat war, daß Koch und Vigfus, unsere besten Fußgänger, gleich zum Laxefluß weitergingen, in der Hoffnung, dort Eskimos zu treffen, während Larsen und ich mit einer Portion Brot als Futter für Grauni zu unserem Zelt zurückgingen …

Leider fanden wir Grauni schon sterbend vor. Unsere letzte Kugelpatrone mußten wir benutzen, um sein Leiden abzukürzen. Der arme Kerl! Nun haben wir ihn so lange mitgeschleppt, auf und hinter dem Schlitten, haben jeden Tag den kleinen Rest von Kraft, der noch in ihm war, angestrengt, und nun muß er eine Meile vor dem Depot, das auch ihm Rettung gebracht hätte, zugrunde gehen. Da haben es die anderen Pferde leichter gehabt, die wir gleich beim Zusammenbruch ihrer Kräfte erschossen, und doch hatten wir alle gerade dieses Pferd besonders gern. Wir haben schon lange kein Brot mehr gegessen, wir haben uns mit kleinen Tagesmärschen begnügt, wo wir mit Hilfe des Segels große hätten machen können, wir haben ihn auf den Schlitten gelegt und selbst gezogen, viele Meilen, und nun stirbt er uns eine Meile vom Depot! So hat die Wüste noch in letzter Stunde ihr Opfer eingeheimst, als wir es schon fast geborgen wähnten. Übrigens ist das Eis von hier zum Depot so schlecht, daß man auch ein gesundes Pferd nur mit Schwierigkeiten hinunterbringen könnte. Wir hätten Grauni also wohl auch erschießen müssen, wenn er unserem Entschluß nicht zuvorgekommen wäre. Hoffentlich treffen Koch und Vigfus Eskimos und bringen sie gleich mit herauf, sonst wird es harte Arbeit …

Am 6. Juli kehrten Koch und Vigfus zurück – ohne Eskimos. Sie waren völlig erschöpft; der Weg war furchtbar gewesen.

Nun waren die Männer also ganz auf sich allein angewiesen. Das Gepäck mußte vollständig zum Depot gebracht werden. Und dann galt es, den gefährlichen Laxefluß zu überqueren. Insgesamt mußten rund 200 Pfund von ihnen geschleppt werden.

Am 11. Juli langten sie – sehr erschöpft – am Laxefjord an. Sie begannen bald mit dem Bau einer «außerordentlichen» Fähre: aus Schlitten, Schlafsacküberzügen und leeren Petroleumtanks. Dies alles im fortgesetzten Kampf gegen Myriaden von Mücken!

Nachts trat Windstille ein, und um Mitternacht überquerten sie mit ihrem wunderlichen Gefährt den Fjord.

Nun sollte das letzte Stück wohl gelingen! Vergleichsweise war es jetzt nur noch ein Kinderspiel …

Nebel und Regen setzten ein. Bald hatten sie die Orientierung völlig verloren, und auch der Versuch, einen Fjordarm an seiner Form auf der Karte wiederzuerkennen, scheiterte kläglich. Die Karte wies ihn nicht auf!

Sie mußten der Küste folgen. Lange Zeit wußten sie nicht, wo sie waren. Dann erkannte Koch einen Berg, den sie überqueren mußten, an seiner bizarren Form.

Am 15. Juli endlich hörte frühmorgens der Schneefall auf, der Nebel riß zeitweise auf.

Wir beschlossen aufzubrechen. Aber wir waren noch keine 30 Meter von unserer Hütte gestiegen, als uns allen mehr oder weniger schlecht wurde. Koch mußte sich setzen und konnte sogar in sitzender Stellung die ihn mehr und mehr überfallende Ohnmacht nicht mehr überwinden. Ich ließ mir von Vigfus die Kampfertropfen geben und bot sie Koch. Er konnte den Löffel nicht mehr sehen, und ich mußte sie ihm in den Mund gießen. Die Erkenntnis, daß unsere Kräfte zu Ende waren und wir nicht mehr imstande waren, unseren Weg fortzusetzen, entsetzte uns. Das war also die heimtückische Wirkung der langen Rast in der Hütte, von der wir doch Stärkung erwartet hatten! Ich war vielleicht am wenigsten mitgenommen, der Himmel mag wissen warum. In mir empörte sich alles. Sollten wir hier, ganz am Schluß einer so langen und gefahrvollen Reise, kaum zwei Meilen von der Kolonie entfernt, wie Tiere umkommen? Im Julimonat? War darin auch nur eine Spur von Logik? Mein ganzes Inneres lehnte sich dagegen auf, und meine Geistestätigkeit konzentrierte sich in einem einzigen mächtigen Gedanken: Ich will leben, ich will Pröven erreichen, und wenn der Himmel einstürzt! Wir gingen die paar Schritte zur Hütte zurück und schlachteten Gloë. Seit 37 Stunden hatten wir nichts gegessen. Es war die einzige Hoffnung, die uns blieb, daß eine kräftige Mahlzeit uns eine Fortsetzung unseres Marsches ermöglichen würde. Wir kochten fast die Hälfte des Fleisches und waren gerade dabei, die Portionen zu verteilen, als ich unter uns auf dem Fjord, der gerade nicht durch den Nebel verhüllt war, ein Segelboot bemerkte. Die Entfernung war ziemlich groß, und ich hätte es für eine Eisscholle gehalten, wenn nicht die schnelle Bewegung mich stutzig gemacht hätte. Ein Blick durch das Fernrohr belehrte uns, daß es ein Boot war, und sofort begannen wir, durch Rufen, Schießen und Schwenken des Segels uns bemerkbar zu machen. Wie wir später erfuhren, wurde nur das Rufen und Schießen gehört, während man uns mit dem Auge nicht wahrnehmen konnte. Zu unserer Freude wendete das Boot und steuerte auf unser Ufer zu. Koch und ich begannen sofort abzusteigen, ohne die Mahlzeit abzuwarten. Doch nahmen wir unsere

Becher mit einer Fleischportion mit, die wir während des Abstiegs in aller Hast hinunterwürgten. Vigfus und Larsen nahmen sich mit der Mahlzeit etwas mehr Zeit, holten uns dann aber während des Abstiegs bald ein. Eine mächtige Spannung hatte uns ergriffen, und dieselben Menschen, welche wenige Minuten vorher kaum die Beine heben konnten, ohne Ohnmachtsanfälle zu bekommen, sprangen jetzt mit fabelhafter Schnelligkeit – offenbar im Vollbesitz ihrer Kräfte – von Stein zu Stein, und Koch und Larsen waren bald weit an mir vorbei. Erst als wir die Eskimos erreichten, die uns an dem steilen Abhang entgegenstiegen, kam die Ruhe über mich.

Ein Priester hatte sie gerettet, der Pastor Chemnitz aus Upernivik, der unterwegs war, um Konfirmanden aufzusammeln. Er erbot sich sogleich, die Männer nach Pröven zu bringen. Doch zuerst gab es ein fulminantes Frühstück *aus Schwarzbrot, Alkeneiern und Kaffee.* Und die Bootsbesatzung reichte ihnen Tabak, *richtigen Tabak!,* wie sie mit großen Augen erstaunt feststellten. Die Männer konnten den Umschwung von tödlicher Not zum märchenhaften Überfluß seelisch kaum verkraften.

In Pröven wurden sie mit gehißten Fahnen und Salutschüssen empfangen! Schon lange hatte man die Expedition erwartet. Und dann empfing sie feierlich und ganz offiziell der Kolonievorstand, und sie mußten – in neuen Anzügen und nach einem warmen Bad – ein langes Festdiner mit langen Tischreden an langen Tischen über sich ergehen lassen.

In der folgenden Zeit wurden die Unternehmungen der Expedition noch fortgesetzt mit der genauen Vermessung der westgrönländischen Küste. Deshalb traten die Männer erst Ende September 1913 die Heimreise an.

5.

Zeit der Prüfungen

Schwere Zeiten

Kopenhagen, 17. Oktober 1913.

Else Köppen hatte sich gerade in ihrem Hotelzimmer schlafen gelegt, um am nächsten Morgen schon sehr früh dem Grönlandschiff entgegenfahren zu können – da läutete das Zimmertelefon. Sie erfuhr, daß das Schiff früher eingetroffen war und bereits im Hafen lag.

An der Zollsperre trafen sie sich.

Sie lief ihm entgegen, und lachend fielen sie sich in die Arme. Innerlich bewegt spürte er ihr Haar, ihre Haut und den Herzschlag. Wegener stieg rasch zu Else ins Taxi, das gewartet hatte. Bald saßen sie in ihrem Zimmer und erzählten ... erzählten ... erzählten. Die Zeit verstrich.

«Alfred, es gibt auch schlechte Nachrichten.»

«Die Eltern?»

«Deine Mutter, vor drei Wochen. Sie hat einen Schlaganfall erlitten.»

«Mein Gott!» Erregt stand Wegener auf. «Und? Wie geht es ihr? So rede doch!»

«Besser, Alfred. Wenn auch noch nicht gut. Sie ist halbseitig gelähmt.»

Er ließ sich schwer auf dem Bett nieder.

Es klopfte. Es war ein Reporter der örtlichen Presse, der Wegeners Aufenthalt als erster ausfindig gemacht hatte. Unbarmherzig prasselten seine Fragen auf den erschöpften Polarforscher nieder. Der riß sich zusammen und versuchte, höflich zu bleiben.

«Ja, wir sind gut angekommen. – Ja, es geht uns gut. – Nein, ich möchte jetzt nicht mehr dazu sagen. – Sie sehen ja! Ich bin gerade erst angekommen ...»
«Eben, eben, Herr Doktor. Deshalb bin ich ja da!» versuchte der eifrige Mensch erneut sein Glück.
«Bitte morgen, mein Herr. Heute nicht mehr. Wenn ich Sie freundlichst bitten darf ...» entgegnete Wegener, nun doch kurz angebunden, und schob den aufdringlichen Reporter zur Tür hinaus.
Als sie am nächsten Morgen die Zeitung aufschlugen, lasen sie – ein ausführliches Interview, das der Reporter angeblich mit ihnen geführt hatte.
Koch und Wegener schafften es in den nächsten Tagen, einem feierlichen Empfang aus dem Weg zu gehen. Doch dem dänischen König konnten sie nicht absagen. Von ihm nahmen sie am folgenden Tag das Ritterkreuz des Dannebrogordens, des zweithöchsten des Königreiches, entgegen.
Dann fuhren Else und Alfred über Hamburg nach Zechlinerhütte. Der gesundheitliche Zustand seiner Mutter war unverändert schlecht. Sie erkannte zwar ihren Sohn, konnte aber kaum sprechen.
Es war ein trauriges Wiedersehen. Nur langsam, sehr langsam besserte sich ihr Befinden.
An einem der nächsten Tage wanderte das Paar – Wegener freute sich dabei unbändig über das farbige Herbstlaub des Waldes nach seinem langen baumlosen Grönlandjahr – in den nächsten zuständigen Nachbarort, um das Aufgebot zu bestellen.
«Ja nun, der Amtsmann ist aber jetzt in den Kartoffeln!» beschied man sie. Alsdann ... Sie fanden den Standesbeamten tatsächlich auf seinem Kartoffelacker emsig bei der Arbeit, die er jedoch gern unterbrach und gleich bereitwillig mit ihnen in die Amtsstube lief. Etwas schnaufend schlug er sein gewaltiges Buch auf, blätterte hin und her und sagte dann gewichtig: «Es gibt zuerst einmal ein großes Problem zu lösen.»

Und dann erklärte er ihnen umständlich und sehr ausführlich, daß Alfred ein Zeugnis aus Grönland hätte beibringen müssen, und zwar darüber, daß er dort nicht eine andere Frau geheiratet hätte. Ob es dort oben auf dem Eis und in den Gletscherspalten überhaupt Frauen geben würde, die man gegebenenfalls hätte heiraten können ... nun, das habe ja genaugenommen mit der durchaus gerechtfertigten juristischen Forderung nichts zu tun. Streng genommen! Else – noch Fräulein Köppen – hatte sich dieses Zeugnis schließlich ebenfalls aus Oslo besorgen müssen.

Nun ging aber kein Schiff mehr nach Grönland, und so würden sie folglich erst im nächsten Jahr heiraten können. Der brave Bauer blinzelte sie verschmitzt an. «Keine Angst, liebe Brautleute, ich helfe Ihnen. Somit stelle ich also amtlich folgendes fest: *Daß Sie in Grönland gewesen sind, Herr Doktor ...*» Er räusperte sich ausführlich und fuhr fort: «*... das habe ich in der Zeitung gelesen; und daß Sie da kein Eskimomädchen geheiratet haben, wenn Ihre Braut hier auf Sie gewartet hat, das glaube ich Ihnen auch!*»

Dann füllte er sorgfältig das Formular aus und setzte einen gewaltigen Stempel darunter.

Alfred und Else blickten sich mit großen Augen an – lachen durften sie ja auf gar keinen Fall – und atmeten auf.

Schon am 16. November 1913 fand die Hochzeit im allerkleinsten Kreise in Elses Elternhaus in Hamburg statt. Kurt kam als Trauzeuge. Alfreds Eltern konnten wegen der Krankheit seiner Mutter nicht dabei sein.

Gleich nach der Hochzeit zog das Ehepaar nach Marburg. Sie hatten in der Biegengasse 44 eine relativ große, aber dennoch recht preiswerte Vierzimmerwohnung gefunden. In Wegeners Arbeitszimmer – mit einem hübschen Erker zur Straße hin – hängten sie an eine blaue Wand das gelbweiße Eisbärfell, das er von der Danmarkexpedition mitgebracht hatte. Hier stand auch sein Schreibtisch, nach eigenen Angaben angefertigt, immer übersät mit Papieren, Büchern, Broschüren, Zetteln ...

Beruflich sah es allerdings schlecht aus. Alle Versuche, für den doch so erfolgreichen Wissenschaftler eine außerordentliche Professur an einer Universität zu erlangen, waren bislang gescheitert. Ein von der Universität Marburg eingereichtes Gesuch wurde vom Finanzministerium in Berlin abgelehnt. Was Wegener angeboten wurde, war die alte Stelle als Privatdozent, mit einem Stipendium von 1500 Mark pro Jahr. Finanziell ging es den Wegeners also sehr schlecht. Die Marburger Zeit sollte dennoch die produktivste Phase in Wegeners Schaffen werden. Neben drei Büchern entstanden in dieser Zeit 77 Abhandlungen für wissenschaftliche und populärwissenschaftliche Zeitschriften.
Er arbeitete fast ausschließlich zu Hause, oft bis spät in die Nacht hinein, und verließ das Haus nur zu seinen Vorlesungen im Physikalischen Institut und den wissenschaftlichen Zusammenkünften des Physikalischen Colloquiums oder der Naturwissenschaftlichen Gesellschaft. Er brauchte einfach die Ruhe seines Arbeitszimmers.
Zum Glück war Marburg damals eine stille Kleinstadt …
Immer intensiver wurde die ohnehin schon angeregte Zusammenarbeit zwischen Schwiegervater Köppen und seinem Schwiegersohn, ein außerordentlicher Glücksfall, einmalig in der gesamten Wissenschaftsgeschichte. Unablässig wurden Manuskripte zwischen Hamburg und Marburg hin- und hergeschickt, um sie gegenseitig durchzusehen und ergänzend zu bearbeiten. Köppen schrieb damals nicht nur Aufsätze aus seiner Wissenschaft heraus, sondern auch über soziale Themen der Zeit.
Else Wegener übersetzte in jenen Monaten das populär geschriebene Buch von Oberst Koch über die Durchquerungsexpedition, das schon sehr bald – 1913 – in Kopenhagen erschienen war. Es konnte in Deutsch allerdings erst kurz nach dem Krieg in Berlin gedruckt werden mit dem Titel «Durch die weiße Wüste».
Lediglich die finanziellen Sorgen trübten das Glück der beiden in jener Zeit.
Doch dann brach der 1. Weltkrieg aus.

Im Krieg

Wegener wurde als Reserveoffizier sofort eingezogen. In den folgenden Jahren – zwischen seinem 34. und 38. Lebensjahr – bestimmte nun die Tatsache, daß er Soldat war, sein Leben: Kampf, Krankheit und Tod. Würde er alles heil überstehen? So fragte er sich oft. Ständig unter Befehl, ständig kommandiert, von Einsatz zu Einsatz getrieben, wieder vertrieben ...

Die Zeit der sogenannten Krise in der Lebensmitte verlief bei Wegener parallel zur großen Krise der Welt, die sich im Krieg befand. Das Private, Individuelle ging auf im Weltganzen ...

Schon am 3. August begleitete ihn seine Frau zum Bahnhof; es ging nach Thüringen, dann weiter nach Belgien. Im selben Monat erwartete Else Wegener ihr erstes Kind. Sie hörte wochenlang nichts von ihrem Mann.

Als Tochter Hilde drei Tage alt war, kam Alfred Wegener zum ersten Mal heim: verwundet. Ein glatter Durchschuß durch den Unterarm und ein steifer Daumen – gleich beim ersten Gefecht. Leichte Fälle wie er wurden in Urlaub geschickt, nach Hause, um die Lazarette zu entlasten.

Zwei Wochen später ging es wieder zurück: diesmal an die Front nach Frankreich. Von dort schrieb Alfred zahlreiche Briefe, häufig mit Berichten über die Schrecken des Krieges.

Anfang Oktober kam er ein zweites Mal verwundet nach Hause: mit einer Schußwunde am Hals, die sich eitrig entzündet hatte. Noch etwas anderes stellte der Arzt fest: einen Herzfehler, den sich Wegener vermutlich bei der Durchquerung Grönlands zugezogen hatte und der sich durch Gewaltmärsche in Belgien und die Anspannung im Schützengraben wohl verschlimmert hatte. Was sich bei vielen Menschen in diesem Alter als mehr oder weniger deutliches Herzziehen bemerkbar macht, führte bei Wegener zu einer ernsthaften Herzschwäche. Hinzu kamen die seelischen Erschütterungen durch das unmittelbare Erleben des Todes so vieler guter Kameraden.

Wegener erhielt das Eiserne Kreuz zweiter Klasse und wurde nach seiner Genesung erst als Ausbilder eingesetzt, später dann jedoch, weil ihm jedes Berganlaufen unmöglich war, «nicht mehr felddiensttauglich» geschrieben und erhielt ein halbes Jahr Krankenurlaub, der später noch verlängert wurde. An Kampfhandlungen nahm er bis zuletzt nicht mehr teil.

Am meisten hatte er darunter gelitten, nicht mehr wissenschaftlich arbeiten zu können. Auch fühlte er sich innerlich gezwungen, ein «guter Soldat» zu sein, obwohl dies seinem Wesen eigentlich fremd war. Nun aber brauchte er sich keinen Zwang mehr anzutun. Die Verwundung und seine Krankheit befreiten ihn von jeglicher soldatischen Pflicht, zumindest für eine längere Zeit. Jetzt konnte er wieder wissenschaftlich arbeiten!

Am meisten lag ihm die Ausarbeitung seines «Urkontinents» am Herzen. Nach den Vorträgen und der Veröffentlichung der Aufsätze hatten sich zahlreiche Forscher geäußert; verschiedene Messungen auf Grönland hatten eine Westdrift der Insel von 11 bis 21 Metern pro Jahr ergeben. (Daß diese Angaben allerdings hinsichtlich ihrer Größe auf Irrtümern bei den Meßvorgängen beruhten, ergaben erst sehr viel später durchgeführte Kontrollmessungen.) Gutes Material verschaffte ihm der Geologe Hans Cloos. Jetzt – in den Kriegsjahren – freundeten sich beide Familien auch privat an.

Im Jahre 1915 schließlich, Wegener wurde 35 Jahre alt, war es soweit: Der Verlag Vieweg in Braunschweig veröffentlichte das

Abb. 11:
Alfred Wegener mit Frau und Tochter 1916.

Abb. 12:
Alfred und Else Wegener, Marburg 1913.

in seiner ersten Auflage nur 94 Seiten umfassende Buch über die Kontinentalverschiebungstheorie unter dem Titel: «Die Entstehung der Kontinente und Ozeane».

Das schmale Bändchen erregte – trotz der anhaltenden Kriegswirren – ungemeines Aufsehen in der wissenschaftlichen Fachwelt. Und wie im kleineren Rahmen seiner Vorträge bestand die Reaktion nur selten aus Zustimmung oder gar Anerkennung, sondern vorwiegend aus teilweise allerschroffster Ablehnung.

Im April 1915 nahm Wegener eine Assistentenstelle am Physikalischen Institut an, mit 1500 Mark Jahresgehalt. Da diese Aufgabe ihn viel Zeit kosten würde, tat er das sehr ungern und nur seinem langjährigen Förderer Professor Richarz zuliebe, dessen Mitarbeiter im Krieg dienten, weshalb die Stelle verwaist war. Doch schon nach einem Monat, im Mai, wurde er nach Brüssel abkommandiert, um dort Luftschifferoffiziere in die Methodik der astronomischen Ortsbestimmung einzuweisen.

Nach seiner Rückkehr blieb er nicht lange ungestört. Ab dem 1. September mußte er wieder Dienst tun, diesmal beim Ersatzbataillon in Charlottenburg. Danach wurde er von einer Stelle zur anderen versetzt. Die Bahnfahrten gaben jedoch die Möglichkeit, sich mit seiner Frau zu treffen – wenn auch etwas unkonventionell, wie Else Wegener aufzeichnete:

Dies war in den nächsten Jahren die Art unseres Zusammenlebens. Ich bekam ein Telegramm und setzte mich in den nächsten Zug, um Alfred irgendwo in Deutschland zu treffen. Manchmal war das gar nicht so einfach. Vor Weihnachten 1915 hatte er mir geschrieben, daß er vom Meldeamt in Antwerpen nach Mülhausen im Elsaß versetzt würde. Wir könnten in Köln ein bis zwei Tage zusammen sein. Mein Zug lief eine Stunde vor dem seinen in Köln ein. Als der erste Zug aus Brüssel kam, spie er eine solche Menge Urlauber aus, daß mir ganz feldgrau vor den Augen wurde. Aussichtslos, ihn in der Menge finden zu wollen. Dazu hatte der Bahnsteig zwei Ausgänge! Der nächste Zug kam. Wieder ein feldgrauer Wirbel! Der dritte Zug! Da fiel mir zum

Glück ein, daß er sich als Offizier auf dem Bahnhof ins Meldebuch eintragen müsse, und dort traf ich ihn dann.
Schlimmer ging es mir einmal in Berlin. Der Lehrter Bahnhof hatte auch zwei Ausgänge, und diesmal trafen wir uns nicht. Verzweifelt fuhr ich zu Alfreds Ankunftsbahnhof, um zu erfahren, wo er einquartiert sei. Das wollten sie mir nicht sagen, es schien ihnen schon verdächtig, daß ich wußte, daß er zu einem Gaskurs kommandiert war. Endlich erfuhr ich, wo der Kurs stattfand, und konnte ihn dort am nächsten Mittag abholen, aber kostbare Stunden waren verloren.
Ich lernte auf diese Art recht viel von Deutschland kennen.
Es ging so weiter: Leipzig, Dresden, Mülhausen, Heidelberg, Freiburg ... Ein Vagabundenleben! Und dann, völlig unvermittelt: Marburg. Tatsächlich, er wurde nach Marburg abkommandiert, um einen ganz besonderen wissenschaftlichen Auftrag auszuführen.

Anfang April 1916 war in der Umgebung des hessischen Ortes Treysa ein gewaltiger Meteorit niedergegangen, der nach aller Erfahrung den Erdboden erreicht haben mußte. Monatelang wurde fieberhaft danach gesucht. Aber niemand fand ihn.
Auf einer damals stattfindenden astronomischen Tagung – Wegener war auch anwesend – wurde lange und erregt darüber diskutiert. Wie es seine Art war, saß Wegener mit seiner Pfeife ganz still dabei und lächelte lediglich vor sich hin. Das irritierte einen der anwesenden Herren ganz außerordentlich, und er bemerkte spitz: *«Wegener, Sie lachen! Gehen Sie doch hin und suchen ihn.» «Das werde ich auch tun»*, antwortete Wegener gemütlich. Es gab ja schon längst Pläne dafür.
Else Wegener erzählt:
Am 3. April 1916 war in Hessen eine große Feuerkugel gesehen worden. Das Physikalische Institut sammelte die Beobachtungen, und Alfred erhielt Ende des Monats Urlaub, um selbst in die Gegend zu fahren, aus der die meisten Meldungen gekommen

waren. Ich ging als Dolmetscher mit, da ich bei meinen Einkäufen auf dem Markt allmählich den Schwälmer Dialekt etwas verstehen gelernt hatte. Das war ein fröhliches Wandern durch den Frühling der Schwalm! Das Meteor war nachmittags um 3 Uhr gefallen, als viele Bauern bei der Feldarbeit gerade Vesper hielten. Wir gingen in den Dörfern zuerst zum Lehrer, um zu erfahren, wer die Feuerkugel gesehen hatte. Manche machten phantastische Angaben: «Da war eine feurige Wolke, in der das Bild des Kaisers erschien.» Aber einige gaben gute Beschreibungen über den Farbenwechsel, die Explosion und die Richtung der Erscheinung. Mit ihnen gingen wir auf das Feld, wo sie damals gewesen waren, und Alfred ließ sich ihre Angaben wiederholen und ließ sie mit ausgestrecktem Arm die Richtung und Höhe angeben. So gelang es ihm, auf der Karte allmählich einen Kreis um einen bestimmten Punkt zu ziehen, der in den Wäldern bei Treysa zu suchen war. Professor Richarz setzte einen Preis für die Auffindung des Meteors aus, und Anfang März 1917 meldete sich ein Förster, der glaubte, das Einschlagsloch entdeckt zu haben. Richarz fuhr zusammen mit dem Geologen Kayser sofort hin, und die Forstleute gruben in ihrer Gegenwart aus eineinhalb Meter Tiefe aus dem weichen Sandstein ein zentnerschweres Stück Meteoreisen aus. Alfred erhielt eine triumphierende Karte: «Wir haben ihn. Reines Eisen! Unzweifelhaft in jeder Beziehung! Fundstelle genau aufgenommen. Nehmen ihn jetzt mit nach Marburg. Herzliche Glückwünsche! Ihr F. Richarz. E. Kayser.» Es war das erste Mal, daß ein Meteor nach wissenschaftlichen Berechnungen gefunden wurde.

In der Folgezeit wurde Wegener als Meteorologe beim militärischen Wetterdienst in Mülhausen im Elsaß eingesetzt. Er leitete dort die Feldwetterwarte. Diese Aufgabe ermöglichte es ihm, nebenher seine eigene wissenschaftliche Arbeit fortzusetzen. Und er erhielt den Titel eines Titularprofessors in Verbindung mit einem angenehm hohen Hauptmannsgehalt.

Doch dort konnte er nicht lange bleiben. Weitere Stationen

seines Wanderlebens waren 1917 die Hauptwetterwarte in Jüterbog, dann die Hauptwetterwarte des Balkan in Sofia. Hier in Bulgarien gab es noch viele Lebensmittel frei zu kaufen, und so gingen zweimal die Woche – schwarz natürlich – Päckchen nach Deutschland, einmal pro Monat auch eine größere Kiste mit Erbsen, Mehl, Fett, Reis und Eiern! Sogar Gänse, Enten und Hühner wurden von den Soldaten heimlich gemästet.
Da traf die Nachricht ein, daß Alfreds Vater gestorben war. Alfred bekam Urlaub zur Beerdigung. Danach konnte er Else für eine Zeitlang mit nach Bulgarien nehmen.
Nach einem Jahr Balkan wurde Wegener erneut versetzt und erhielt wechselnde neue Aufgaben. Ein ruheloses Leben!
Im Herbst 1918 wurde er an die neu eröffnete, alte deutsche Universität Dorpat (Tartu, Estland) geschickt, um die dortige Wetterwarte und einen Lehrauftrag für Meteorologie zu übernehmen. Eine von ihm erhoffte Professur entwickelte sich daraus jedoch nicht.
Langsam ging der Krieg dem Ende zu.
Am 6. Dezember 1918 konnte Wegener über Berlin nach Marburg zurückkehren. Er fand die Familie in ärmlichsten Verhältnissen vor. Die harte Nachkriegszeit hatte begonnen. Nur ein Zimmer konnte geheizt werden; im Ofen brannte Holz, das mühsam im Universitätswald gesammelt wurde; das Laufgitter der im März geborenen zweiten Tochter Käte stand bei Wegeners Schreibtisch, und Hilde spielte daneben an ihrem kleinen Tischchen. Später beherbergten sie noch eine baltische Frau, die man ihnen von befreundeter Seite anvertraut hatte. Es wurde sehr eng. Das Heizmaterial reichte bald nicht mehr. Auch gab es nicht genug zu essen. Hauptsächlich lebten sie von den Erträgen des Gartens.
Unter diesen Umständen war wissenschaftliches Arbeiten kaum möglich. Dennoch versuchte es Wegener unverdrossen. Im Januar nahm er seine Vorlesungen wieder auf. Daneben beschäftigten ihn die Meteoriten und die Entstehung der Mondkrater.

Hierbei machte er bedeutsame Entdeckungen, denn seine Aufsturzexperimente – dazu «schoß» er kleine Steine in feuchten Zement und in verschiedene Pulver – waren außerordentlich aufschlußreich. So belegte er die Theorie, daß die Mondkrater durch aufstürzende Meteorite entstanden waren.
Später schrieb er in Hamburg ein kleines Buch darüber, das 1921 erschien. Die darin entwickelten, heute jedem sehr geläufigen Anschauungen waren für seine Zeit jedoch so kühn, daß diese Schrift relativ unbeachtet blieb und später ganz vergessen wurde.
Nun war er wieder Privatdozent – und damit fast ohne Einkommen. Wiederholt hatte die Marburger Universität, wie vor dem Krieg, eine Professur für Astronomie und Meteorologie beantragt. Jedesmal lehnte das Ministerium ab. Die guten sozialen Kontakte, der gute Wille der Marburger, alles Bemühen halfen nichts. Es wollte sich nicht fügen.
Aber auch im übrigen Deutschland gab es nur wenige Lehrstühle für diese Fächer, und wenn, dann meist mit dem Direktorenposten eines Instituts verbunden, was viel Verwaltungsarbeit und folglich wenig Zeit für die Forschung bedeutete. Ein Greuel für den nunmehr 38jährigen Wegener. Die einzige rein wissenschaftliche Stelle für Meteorologie befand sich in Hamburg, an der Deutschen Seewarte. Und besetzt war sie noch immer von Wegeners hochbetagtem Schwiegervater! Der hatte zwar schon lange in den Ruhestand treten wollen, jedoch wegen militärischer Verpflichtungen trotz seines hohen Alters während des Krieges noch nicht ausscheiden dürfen. Nun aber wurde die Stelle umgehend frei. Man suchte einen Nachfolger. Köppen selbst hatte der Seewarte Kurt Wegener empfohlen, aber man war mehr an Alfred Wegener interessiert und hatte ihm längst geschrieben.
Der jedoch zögerte. Sicherlich, wissenschaftlich würde er dort gut arbeiten können. Aber Hamburg besaß damals noch keine Universität. Und Wegener wollte eigentlich an eine Universität

mit Vorlesungsbetrieb. Andererseits standen die Aussichten in anderen Städten schlecht. Er fand ja keine Stelle. Und Privatdozent konnte er wirklich nicht mehr länger bleiben. Nach langem Ringen entschied er sich schließlich für Hamburg. Den Ausschlag gab zuletzt die Zusicherung aus Berlin, daß er bei der geplanten Gründung der Universität mit Vorlesungen beauftragt werden würde.

So wurde Wegener mit Datum vom 14. September 1919 zum Abteilungsvorstand für die «Meteorologische Abteilung und Drachenstation» und die «Meteorologische Versuchsanstalt Großborstel» der Deutschen Seewarte ernannt. Doch schon im April – noch mit 38 Jahren – trat er die Stelle an und konnte nun Verantwortung übernehmen, und das gleich in zwei unterschiedlichen Bereichen.

Die Familie zog im Frühjahr in das stille, von dichtem Grün umgebene Haus der Schwiegereltern, die das Erdgeschoß freigemacht hatten und nun im ersten Stock wohnten. Zusammen mit ihm begann sein Bruder Kurt die Arbeit an der Deutschen Seewarte; man hatte ihn zum Leiter der Abteilung Wetterdienst berufen! Kurt bezog nicht weit von ihnen entfernt eine Wohnung und besuchte beide Familien oft.

Im Herbst 1919, fast genau zwei Jahre nach ihrem Mann, starb Alfreds Mutter im Alter von 71 Jahren. Noch wenige Wochen vorher hatte sie die Kinder auf einer zweiwöchigen Segeltour begleiten können.

Und im selben Jahr, 1919, wurde die Universität in Hamburg gegründet. 1921 ernannte man Wegener zum außerordentlichen Professor mit Lehrauftrag.

Das Leben gestaltete sich weiterhin schwierig in jener Nachkriegszeit. Wirtschaftliche Sorgen überschatteten den Alltag. Heizung und Licht waren hier in Hamburg ebenso wenig ausreichend vorhanden wie in Marburg. Und es gab einen kalten Winter im Jahre 1919/20.

Sie saßen im einzigen geheizten Zimmer. Wegener hantierte

nervös an der winzigen Petroleumlampe herum, die einen trüben Lichtschein warf. Dann vertiefte er sich wieder in die Papiere, die vor ihm lagen. Es war das Manuskript für die zweite Auflage der «Entstehung der Kontinente und Ozeane», deren Erscheinen für 1920 vorgesehen war. Dieses Buch würde sehr viel umfangreicher werden als die erste Auflage und von Grund auf neu bearbeitet. Unermüdlich hatte Wegener neues Material zusammengetragen, das seine Theorie stützen konnte. Das mußte nun eingearbeitet werden. Auch galt es, die ernsthaften Einwände wissenschaftlicher Kritiker zu prüfen. Deutlich unzureichende Aussagen der ersten Auflage wurden fallengelassen oder korrigiert, diverse Fehler umgehend ausgemerzt. Schon 1922 sollte dann eine dritte, wiederum erweiterte Auflage notwendig werden.

Nach anstrengenden Zeiten konzentrierter wissenschaftlicher Tätigkeit trieb es Wegener, wie früher auch, in die Natur hinaus. Sie fuhren öfters am Wochenende fort zum Wandern, häufig begleitet von Kurt. Dann erstanden sie eines Tages ein Segelboot, und ab diesem Zeitpunkt segelte man fast jedes Wochenende auf der Elbe.

Im April 1920 kam Lotte, die dritte Tochter, zur Welt.

«Alfred! – Schau einmal her!» rief es laut. Der nunmehr 74 Jahre alte Professor Köppen kam polternd die Treppe heruntergelaufen, so rasch es die müden Beine erlaubten. In der Hand hielt er eine aufgeschlagene Zeitschrift und eine Karte. Hastig nahm er die Brille mit den runden Gläsern ab und schaute sich um. «Ja, aber wo ist er denn?»

«Der Vater ist noch nicht von der Seewarte zurück», erklärte ihm seine älteste Enkeltochter, die kleine Hilde. Sie senkte verschwörerisch das Stimmchen und flüsterte: «Er wird aber sicher gleich kommen.»

Da hörten sie, wie die Tür ins Schloß fiel.

«Das ist er! Das ist er!»

Köppen ließ Hildchen den Vortritt. Dann aber hielt er es nicht mehr aus. Ungeduldig schob er Wegener, der kaum den Mantel ablegen konnte, zu seinem Stuhl. «Komm, setz dich. – Schau her, was ich gefunden habe.»
Er schlug die Zeitschrift auf. «Wieder ein Fund tropischer Pflanzen, aus dem Karbon, auch aus dem Perm, aber in einem Gebiet mit heute gemäßigtem Klima. Dort kann es also eigentlich gar keine tropischen Pflanzen geben, sagt wenigstens die Wissenschaft.»
«Aber die Kontinentalverschiebungstheorie sagt es schon!» ergänzte Wegener schmunzelnd. Er zündete sich gerade eine Zigarre an. «Ein anstrengender Tag war das heute ... Aber laß einmal sehen! – Tatsächlich ... hier, das ist sogar ein Wüstengebiet, und dort haben wir eine feuchtgemäßigte Zone. Der ganze Klimagürtel muß also mit dem Kontinent gewandert sein, und zwar ... hier in diese Richtung. Das erklärt das Rätsel.»
«Augenblick mal!» Köppen griff in die rechte Jackentasche. «Na, wo habe ich denn ...? Ah ja, in der linken!» Er zog einen kleinen Globus hervor, den er immer bei sich trug, um jederzeit seine Überlegungen über die Lage der Pole und der Klimagürtel an ihm prüfen zu können.
«Schauen wir einmal genauer: Also, wenn Afrika im Karbon noch hier liegt, dann ...»
So diskutierten sie noch eine Weile herum.
Es hatte sich nämlich gezeigt, daß Wegeners Drifthypothese das Mittel bot, um Licht in die Vielzahl ungelöster Rätsel zu bringen, welche die Paläoklimatologie (die Wissenschaft der Klimate früherer Erdzeitalter) damals aufwies. Köppen und Wegener arbeiteten schon seit längerem intensiv an solchen Fragen. Beide, der alte und der junge Forscher, ergänzten sich dabei in außerordentlich fruchtbarer Weise, und allmählich entstand – in vierjähriger Arbeit – ein umfangreiches gemeinsames Werk. Es erschien 1924 unter dem Titel «Die Klimate der geologischen Vorzeit» in Berlin und entwickelte sich bald zu einem Standardwerk der Paläoklimatologie.

Kritik

Die Gesellschaft für Erdkunde in Berlin lud Wegener ein, im Februar 1921 einen Vortrag über seine Theorie zu halten. Das entbehrte nicht einer gewissen Brisanz, denn der Inhaber des Berliner Lehrstuhls und gleichzeitig führende Geograph Deutschlands war Geheimrat Penck. Er lehnte die Theorie strikt ab. Da konnte sich die geplante anschließende Diskussion zu einem spannenden Meinungsstreit gelehrter Köpfe entwickeln – oder zu einem Eklat.

Hauptredner waren der Geologe Professor Koßmat, der Geograph Professor Penck und der Geodät Professor Schweydar.

Wieder zeigte sich bald, wie schwer es fiel, einmal vorgefaßte Meinungen neuen Gedanken gegenüber für eine Weile beiseite zu schieben, um diese erst einmal unvoreingenommen aufzunehmen und dann zu prüfen.

Koßmat gab zwar zu: *Die Schollenregionen sind nicht als ruhende Massen zu betrachten ... Auch die Geschichte des Klimas in geologischer Zeit weist auf größere Wandlungen ... hin.* Dann aber zog er zurück: *Ich kann aber nicht die Auffassung teilen, daß freies Triften der Schollen möglich ist, dazu ist der ozeanische Boden doch zu fest.*

Für Schweydar dagegen gab es keinerlei Probleme, sich auf Wegeners Seite zu stellen. Er sagte: *Die grundlegende Voraussetzung der Wegenerischen Verschiebungstheorie, das Schwimmen der Kontinente auf dem dichteren Sima, erscheint nach den Ergebnissen der Geodäsie begründet.*

Pencks Ausführungen enttäuschten die Anwesenden. Er brachte keine neuen Gesichtspunkte, zeigte vielmehr deutlich, daß er nicht gewillt war, sich in die Gedanken der Theorie hineinzudenken. Zudem zitierte er eine wissenschaftliche Arbeit, deren Irrtümer schon längst von der Wissenschaft aufgedeckt und richtiggestellt worden waren.

Auf Polemik ging Wegener allerdings nicht ein; er hatte ja schon in den vergangenen Jahren genügend davon erfahren dürfen. Aus einem früheren Brief an Köppen wird deutlich, wie er darüber dachte, hier anläßlich eines Schreibens Professor Georg Pfeffers:

«Lieber Vater, [...] Der Brief von Pfeffer ist typisch! Er will sich nicht belehren lassen. Die Leute, die so darauf pochen, auf dem Boden der Tatsachen zu stehen und mit Hypothesen durchaus nichts zu tun haben wollen, sitzen doch allemal selbst mit einer falschen Hypothese drin! ... Aus seinem Brief spricht nirgends das Bestreben, den Dingen wirklich auf den Grund zu kommen, sondern nur die Freude am Herumreiten auf den Unvollkommenheiten anderer Menschen. Solche Menschen sind für eine Neuorientierung von Ideen nicht zu haben. Hätten sie die Verschiebungstheorie schon auf der Schule gelernt, so würden sie sie mit demselben Unverstand in allen, auch den unrichtigen Einzelheiten, ihr ganzes Leben hindurch vertreten, wie jetzt das Absinken von Kontinenten ...»

Es entwickelte sich ein äußerst reger wissenschaftlicher Briefwechsel über die ganze Welt hinweg, unter anderem mit Du Toit in Südafrika, Van Waterschoot van der Gracht in Amerika und verschiedenen Eiszeitforschern.

Alexander Du Toit war unter den bekannten Geologen eine ganz besondere Ausnahme. Dieser in Südafrika am häufigsten geehrte Geologe war völlig von der Richtigkeit der Wegenerischen Theorie überzeugt und vertrat diese Ansicht auch öffentlich. Da er in Südafrika eine Vielzahl offensichtlicher Beweise in der Natur (zum Beispiel die Gletscherspuren früherer

Eiswüsten in den Bergen, die über den Atlantik hinweg bis nach Südamerika reichten) gleichsam vor der Haustür liegen hatte, war er bald ein Anhänger Wegeners geworden.

Einen anderen angesehenen Verbündeten fand Wegener mit Émile Argand in der Schweiz. Dieser vielseitige Geologe stellte sich schon bald hinter die neue Theorie, arbeitete damit und vertrat sie mutig gegenüber der Fachwelt. Das war zwar politisch nicht ganz einfach in der neutralen Schweiz, in der damals gewisse antideutsche Gefühle weit verbreitet waren. Doch Argand scherte sich nicht darum.

Auch in Kopenhagen hielt Wegener 1922 Vorträge. Dort wurden kaum Gegenstimmen laut, zumal die Längenmessungen in Grönland, ein wichtiger Beweis für Wegener, hier gut bekannt waren. Bei einem Vortrag in Stockholm traf er jedoch in dem Geologen der Geer auf einen überaus erbitterten Gegner, was Wegener aber durchaus gefiel, denn *aus den Gegenbeweisen lernt man am meisten.*

Auch eine Vortragsreise durch Holland verlief sehr erfolgreich; er fand dort viele Freunde.

Sehr ablehnend verhielten sich allerdings die Geologen zu Hause in Hamburg. Sie erachteten die ganze Theorie und besonders die geologischen Voraussetzungen einfach für noch zu wenig erforscht und hatten auch kein tiefergehendes Interesse dafür. Niemand half Wegener, wenn er sich mühsam am Geologischen Institut die für ihn wichtigen Schriften heraussuchen und durchforsten mußte, immer auf der Suche nach stützenden Beweisen, die er zum Glück zunehmend häufiger entdeckte.

Dieser Beschäftigung konnte er jedoch leider nur in seiner Freizeit nachgehen. Seine hauptamtliche Tätigkeit – vier Tage in der Seewarte und die damit verbundenen meteorologischen Forschungen sowie zwei Tage in der Versuchsanstalt Großborstel – nahm ihn voll in Anspruch. Aber er konnte endlich Vorlesungen halten. Seine Antrittsvorlesung fand im Oktober 1919 statt.

Wegener ging es auch um den wissenschaftlichen Austausch

unter den einzelnen Forschern, und so gründete er ein geophysikalisches Kolloquium. Die Mitarbeiter der Seewarte und andere Wissenschaftler fanden sich hier zu Vorträgen und Diskussionen zusammen, von denen eine wahre Fülle von Anregungen ausging. Es gelang Wegener auch öfters, bekannte Fachkollegen, die sich gerade auf der Durchreise befanden, zu Vorträgen einzuladen. Anschließend ging es dann meist in das Köppen-Wegenerische Haus in die Violastraße 7, das sich allmählich zum Mittelpunkt der Wissenschaften in der freien Hansestadt entwickelte. In locker-heiterem Beisammensein wurde dann bis spät in die Nacht hinein diskutiert und erzählt. Manche Gäste blieben anschließend noch zu Besuch, mitunter gleich mehrere Tage lang.
J. Georgi, damals wissenschaftlicher Mitarbeiter in der Versuchsanstalt, erinnerte sich später: *Beglückend waren die Einladungen im Hause Köppen-Wegener, die zuweilen ohne jede Förmlichkeit erfolgten ... Sehr eindrucksvoll war mir aber auch bei solchen gelegentlichen Besuchen, wie bald Wegener sich bei der kleinen Gesellschaft entschuldigte, um im Studierzimmer dringende Arbeiten, meist eilige Korrekturen, zu erledigen. Ohne eine solche Ökonomie wäre seine erstaunliche Produktivität nicht möglich gewesen.*
Andere Pläne scheiterten. Sehr weit gediehen waren schon die Vorbereitungen, ein neues meteorologisches Forschungsinstitut zu errichten. Die fortschreitende Inflation machte alles zunichte.
Alfred Wegener empfand die Hamburger Zeit mit ihren vielschichtigen Belastungen als äußerst kräftezehrend. Und das Geld reichte immer weniger, bald nicht einmal mehr für die einfachsten Lebensbedürfnisse. Die Inflation zwang sie dazu, im Vorland der Drachenstation intensiv Gemüse anzubauen, den Obstgarten zu bearbeiten und zusätzlich Hühner zu züchten. All dies war kräfteraubend, die Arbeit begann schon morgens um 4 Uhr mit dem Pumpen des Wassers.
Eine interessante Unterbrechung bildete eine Forschungsreise

nach Kuba, Mexiko und Florida. Für die Beobachtung von Pilotballons vom fahrenden Schiff aus hatte Wegener mit seinen Mitarbeitern einen Spiegeltheodoliten entwickelt, der entscheidende Vorteile gegenüber alten Geräten bot. Mit diesem Gerät konnten nun systematische Messungen der Höhenwinde über dem Atlantischen Ozean durchgeführt werden. Die Reise dauerte von März bis Juni 1922 und erbrachte die Ergebnisse von insgesamt 132 Ballonaufstiegen.

6.

Der Ruf

Forschung und Lehre in Graz

Wegener mußte nun dringend an seine berufliche Zukunft denken. Noch immer erreichte ihn kein Angebot für eine Professur in Deutschland. Zwar gab es sehr wenige Lehrstühle für Meteorologie in jener Zeit, aber irgendwann mußte es doch einmal klappen. Ob vielleicht auch andere Gründe eine Rolle spielten? Wir wissen es nicht genau. Einer nicht genau belegten Quelle entnehmen wir, daß sich ein damaliger Kollege Wegeners folgendermaßen erinnerte:

Immer wieder hörte man, daß er als Bewerber um einen bestimmten Lehrstuhl abgelehnt worden war, weil er sich für Themen interessierte, die außerhalb der für den betreffenden Lehrstuhl bestehenden Richtlinien lagen.

War das die «Strafe» dafür, daß er seinen Forschergeist nicht in eine einzige schmale Richtung zwängen wollte, sondern frei und über enge Fachgrenzen hinaus schweifen ließ?

Seine Freunde in Kopenhagen versuchten, ihn dorthin zu ziehen. Nun tauchten auch noch weitere Möglichkeiten im Ausland auf. Da wurde die Professur für Meteorologie in Berlin frei! An diese Stelle war aber gleichzeitig die Leitung des Preußischen Meteorologischen Instituts gebunden, und die anfallende Verwaltungsarbeit würde jegliche wissenschaftliche Forschung schon aus Zeitmangel weitgehend unmöglich machen. Was sollte er tun, wenn man ihn für diese Stelle vorschlagen würde? Konnte er ein solches Angebot einfach abschlagen, auch wenn es nicht seinen Wünschen entspräche? Im November würde er immerhin 42 Jahre alt werden. Da erfuhr er von Professor Heinrich von Ficker persönlich, damals noch Inhaber des Lehrstuhls für Meteorologie und Geophysik in Graz, daß dieser den mittlerweile an ihn ergangenen Ruf nach Berlin annehmen würde. Welch ein Pech – und Glück zugleich, denn für Wegener wäre Berlin ganz und gar keine Lösung gewesen.

Nur einen Tag später erhielt Wegener die Nachricht, daß er an erster Stelle als Nachfolger von Professor Ficker in Graz vorgeschlagen werden würde! Graz – das hieß eine Professur ohne angehängtes Institut, ohne die lästige Verwaltungsarbeit! Also genau das Ideale für ihn.

So fiel Wegener eine rasche Entscheidung für Graz nicht schwer. Innerhalb kürzester Zeit fügten sich somit die Dinge in einer äußerst glücklichen Weise.

Die anschließenden Verhandlungen zogen sich allerdings über viele Wochen hin. Wegener mußte dabei einiges an Verhandlungsgeschick aufbieten, um seine berechtigten Ansprüche hinsichtlich der Besoldung, der Anerkennung bisheriger Dienstjahre usw. in einer für ihn zufriedenstellenden Weise durchzufechten. Das war er auch – so meinte er – seiner Familie gegenüber in diesen unsicheren Zeiten schuldig.

Doch dann war es endlich soweit. Am 28. April 1924 wurde der nun 43jährige Alfred Wegener – rückwirkend zum 1. April – zum ordentlichen Professor der Meteorologie und Geophysik an der Universität Graz ernannt. Schon am 10. Mai hielt er seine Antrittsvorlesung, selbstverständlich über die Kontinentalverschiebungstheorie, der man gespannt lauschte. Professor Benndorf erinnert sich:

Ohne weitere Einleitung, mit schlichten, einfachen Worten, beinahe nüchtern und trocken, im Anfange etwas stockend, begann er. Wie er aber dann systematisch ungemein klar und anschaulich Argument an Argument reihte, zuerst die geophysikalischen, dann die geologischen, paläontologischen, biologischen und paläoklimatischen, wurde er immer lebendiger, seine Augen

leuchteten, und die Zuhörer waren hingerissen von der Schönheit, Großartigkeit und Kühnheit des Gedankenbaues, den er entworfen hatte. Nie ist mir deutlicher klar geworden, wie unnötig Rhetorik für die Wirkung eines Vortrages ist, wenn nur der Gegenstand Bedeutung hat.
In der anschließenden Diskussion wurden Einwände erhoben, meiner Ansicht nach allerdings nur Unwesentliches betreffend. Wie dann Wegener antwortete, ohne eine Spur der Gereiztheit, klar und mit überlegener Ruhe, gewann man erst den vollen Eindruck von der Sicherheit, mit der er das gewaltige Material, das er aus den verschiedensten Wissenschaften zusammengetragen hatte, beherrschte.
Wegener war vorerst allein nach Graz gezogen. Es war nämlich nicht ganz einfach, ohne weiteres eine passende Wohnung für die Familie zu finden. So wohnte er in der ersten Zeit möbliert und suchte. Jedoch erfolglos. Bald kam dann doch die ganze Familie nach, um jetzt gemeinsam zu suchen, da Wegener allein zu wenig Zeit dafür fand. Eines Tages bot man ihnen ein Haus am Stadtrand an, recht günstig zur Universität gelegen, in der Blumengasse Nr. 9, und freudig griffen sie zu. Nun konnten sie endlich richtig einziehen.
Das alte Ehepaar Köppen entschloß sich, das Haus in Hamburg aufzugeben und mit nach Graz zu ziehen. Leicht fiel ihnen diese Entscheidung nicht. Doch inzwischen hatten sich zahlreiche Bindungen innerhalb Hamburgs aufgelöst, während sie als Großeltern, Eltern und Professor Köppen als Forscherkollege mit Wegeners privat und wissenschaftlich so viel verband und sie hier in Graz gebraucht wurden. Trotz ihres hohen Alters von 78 und 68 Jahren wagten die beiden also den großen Schritt in eine fremde Stadt, in ein fremdes Land. Es war, wie sich zeigen sollte, eine gute und richtige Entscheidung.
Graz – das bedeutete für Alfred Wegener das Ende seiner beruflichen Suche. Er selbst bezeichnete später die Grazer Jahre mehrfach als die glücklichsten seines Lebens. Beide Wegeners

fanden hier ihren Wirkungskreis, der sie ausfüllte und ihnen bald das Gefühl vermittelte, wirklich heimisch zu sein. Alfred wurde auch österreichischer Staatsbürger.

An der Universität selbst herrschte eine zwanglose Atmosphäre. Die Institute waren auf kurzen Wegen leicht zu Fuß zu erreichen. Das ganze Leben erhielt bald einen angenehm ruhigen Gang. Wegeners Kollegen arbeiteten teilweise selbst auf geophysikalischen Gebieten und interessierten sich für seine Arbeiten, so daß er immer jemanden fand, mit dem er gerade anstehende Probleme diskutieren konnte.

Eine besonders wichtige Einrichtung des Hauses war der sogenannte Institutstee, zu dem sich jeden Nachmittag die Mitarbeiter, und zwar vom Studenten bis zum Professor, im Zimmer des Direktors Hans Benndorf versammelten und dort sehr angeregt aktuelle wissenschaftliche Fragen erörterten. Manches vertrackte Problem des einen Kollegen wurde hier gleich an Ort und Stelle von den anderen gelöst oder wenigstens ein Stück weitergebracht. Professor Benndorf, der als väterlicher Freund der Studenten und Assistenten galt, hatte mit dieser Runde eine äußerst wissenschaftsfördernde Einrichtung geschaffen, die zudem auch gesellschaftliche Bedürfnisse zwanglos und angenehm befriedigte und die einzelnen Forscher über das Gespräch menschlich einander näherbrachte.

Wegener war an sich kein Freund von vielen Worten, eher sogar etwas wortkarg. In angenehmer Gesellschaft jedoch, im Kreise guter Freunde, entfaltete sich um so rascher sein feiner Humor. Eine Geschichte aus jener Zeit schildert Else Wegener in ihren Erinnerungen:

Auch die Weihnachtsfeste der Physiker, in einem kleinen Gasthaus am Stadtrand, boten Gelegenheit zu manchem Scherz. In unserm ersten Grazer Winter hatte mich Benndorfs Assistentin um eine gereimte Strafpredigt gegen das Überhandnehmen des Rauchens beim Institutstee gebeten, die sie beim Weihnachtsfest vorlas, ohne meinen Namen preiszugeben. Hatte ich das

Produkt nun unvorsichtig herumliegen lassen – kurz, Alfred hatte Wind davon bekommen und verlas nun seinerseits ein schwungvolles Lob des Rauchens:

Ich lobe mir die kurze Pfeife!
Damit der Geist nicht ziellos schweife
Und die Probleme fest ergreife,
So daß die Arbeit richtig reife,
Ist's nötig, daß wie grüne Seife
Der Rauch Euch in die Nase kneife.

Doch ebenso auf der Zigarre
Ich mit Entschiedenheit beharre.
Ist mir's, als ob ich Steine karre,
Als ob die Hirnmechanik knarre,
Dann löst Virginia, die bizarre,
Wohltätig der Gedanken Starre.

Und nun erst recht die Zigarette!
Ach, wer doch solche fette, nette,
Ganz selbstgedrehte und adrette
Kurz: beß're Zigarette hätte!
Ich böt ihm neben mir die Stätte
Und rauchte Kette um die Wette.

Es lebe der Regietabak!
Seit her ich zog mit Sack und Pack,
Im Kittel wie in Lack und Frack
Stets fand ich am Tabak Geschmack.
Darum trotz Schabernack und Schnack:
Hoch der Tabak! Hoch der Tabak!

Die Heiterkeit war groß!

Zur Entspannung schrieb Alfred Wegener gern in stillen Stunden solche oder ähnliche Gedichte, teilweise auch über wissenschaftliche Themen. Als Freund der Lyrik war er sehr von Christian Morgenstern, ganz besonders von seinen «Galgenliedern» begeistert. Diese konnte er immer und immer wieder rezitieren.

Nun fand er auch mehr Zeit für die Familie. Fast jeden Sonntag unternahmen sie Ausflüge in die Umgebung von Graz, oft zusammen mit Freunden. «Tieftouren» nannte er diese Wanderungen ein wenig spöttisch. Nach Beendigung einer größeren Arbeit ging es dann aber jeweils für ein paar Tage in die Berge, zu richtigen «Hochtouren», damit Wegener den Kopf freibekam für neue Gedanken.

Im Zentrum seines Lebens stand aber nach wie vor die wissenschaftliche Arbeit. In Hamburg war es ihm neben vielen kleineren Arbeiten im wesentlichen darum gegangen, die Verschiebungstheorie auszuarbeiten und die Klimate der geologischen Vorzeit zu erforschen; nun verwandte er seine Vorlesungen dazu, einen alten Plan zu verwirklichen, nämlich eine vollständige «Physik der Atmosphäre» zu schaffen. Die Vorlesungen sollten als Grundlage dazu dienen. Teile dieses Werkes konnte er auch vollenden und in separaten Drucken der Öffentlichkeit zugänglich machen. Die Vorlesungen erschienen gedruckt nach seinem Tode. Außerdem plante er als Sammelwerk verschiedener Autoren ein großes Lehrbuch der Kosmischen Physik. Und auch die Arbeit an der Verschiebungstheorie wurde ständig fortgesetzt. Dazu hatte Wegener neben seinen Vorlesungen für die Studenten «Besprechungen über geophysikalische Grundfragen» eingerichtet. Eine vierte Auflage seines Buches über die Theorie wurde notwendig, und sie würde erheblich erweitert werden müssen – auf beinahe den dreifachen Umfang der ersten Auflage, das stand schon sehr bald nach einer ersten Sichtung des inzwischen erarbeiteten neuen Materials fest.

Nun endlich mehrten sich auch zustimmende Reaktionen in der Fachwelt. Teilweise verhalten, noch vorsichtig, aber schon deutlich vernehmbar.

Fragen

August 1925.

Professor Köppen hielt das Heft Nr. 31 des 13. Jahrgangs der wissenschaftlichen Zeitschrift «Die Naturwissenschaft» in der Hand und las aufmerksam den Aufsatz «Über Kontinentalverschiebungen» des bekannten Tiroler Geologen Otto Ampferer. Er behandelte darin Wegeners Theorie sehr positiv.

«Interessant! Und ein ganz neuer Ansatz», bemerkte Köppen nachdenklich und legte das Heft beiseite.

«Nicht ganz neu!» entgegnete Wegener, der neben ihm saß. «Er hat schon früher darüber geschrieben, daß seiner Ansicht nach das Magma unter der Erdkruste in Kreisläufen strömt und nicht starrsteht.»

«Aber diese Strömungen als bewegende Kraft für das von dir postulierte Wandern der Kontinente zu betrachten, das ist neu.»

Wegener nickte. «Ja, das stimmt. Es klingt überzeugend. Man muß auf jeden Fall die Berechnungen prüfen.» Er machte sich einige Notizen, die ihm bei der Überarbeitung der vierten Auflage seiner Kontinentalverschiebungstheorie helfen sollten. Unterirdische Ströme als Ursache der Wanderbewegungen. Vielleicht war das die Antwort.

«Und interessant ist auch die Wiederbelebung der Abspaltungstheorie des Mondes.»

Köppen blätterte um: *«Ich finde in Wegeners Hypothese keine Möglichkeit zu einem Verständnis für diese völlig entgegengerichteten Umgestaltungen …* das ist in der Tat das Problem …

Aber jetzt seine Lösung. Er sagt da: *Ich bin nun zu der Vorstellung gekommen, daß man hier ohne das Eingreifen eines neuen Ereignisses diese beiden entgegenlaufenden Entwicklungsreihen kaum verbinden kann. Als ein solches gewaltiges Ereignis käme nach meiner Einsicht noch am ehesten das Abreißen des Mondes von der Erde in Betracht.* Allerhand, was? – Und so wird auch *das Auseinanderweichen der alten Kontinentalscholle zu der heutigen Schollenverteilung als Verminderung der einseitigen Verteilung verständlicher.* Und so weiter. Dann kämen – nach Ampferer – noch ergänzend die Kräfte der Magmaströme hinzu. Nun, was hältst du davon, Alfred?»
Wegener schüttelte den Kopf. «Die Theorie von der Mondablösung ist alt. Seit sie George Howard Darwin erstmals beschrieben hat, das war schon 1878, ist sie öfters aufgegriffen worden, nicht nur von ihm selbst. Du weißt, Pickering hat 1907 darüber geschrieben, dann auch Poincaré, Taylor, Baker und andere. Aber diese Theorie scheint mir widerlegt zu sein. Die Gesamtmasse reicht nicht aus, um einen Mond dieser Größe daraus zu bilden. Und die Erde muß sich auch sehr, sehr schnell gedreht haben, äußerst schnell, um eine Ablösung überhaupt bewirken zu können. Das ist ja alles berechnet worden. Und ich habe darüber schon vor Jahren in dem allerersten Aufsatz über den Urkontinent einige Bemerkungen gemacht.»
Köppen blickte ihn nachdenklich an. «Soweit ich weiß, denkt Kurt anders darüber. Er hält ein Abreißen des Mondes nicht für unmöglich. Es gibt dafür auch mathematische Berechnungen ...»
«Nun gut, warten wir ab! Eine sichere Erklärung haben wir jedenfalls noch nicht. Genauso wie ...» Wegener lächelte. «Genauso wie wir noch nicht wissen, was die Kontinente tatsächlich auseinanderschiebt.» Er griff nach der Zeitschrift. «Aber Ampferers Strömungsgedanken sollte man schon jetzt ernstnehmen.»

Die zwanziger Jahre bescherten Wegeners Kontinentaldrifttheorie mittlerweile eine internationale Aufmerksamkeit: durch

Übersetzungen seines Werks, zahllose Aufsätze und Bücher aus verschiedenen Fachrichtungen, sogar Karikaturen in Zeitungen und populär gehaltene Darstellungen für die Jugend ... und nicht zuletzt durch wissenschaftliche Tagungen und Symposien, die allein seinen Urkontinent zum Thema hatten.

Den Höhepunkt dieser Bewährungsproben seiner Theorie bildete zweifellos das Symposium «Theory of Continental Drift» von 1926 in New York, das von der American Association of Petroleum Geologists ausgerichtet wurde. Die an praktisch verwertbarer Wissenschaft interessierten Ölgeologen hatten keine Angst davor, auch wissenschaftlich umstrittene Themen auf ihren Tagungen zu behandeln.

Der berühmte britische Geologe Professor Arthur Holmes, ein vorsichtig prüfender Anhänger der Drifthypothese, charakterisierte das Symposium allerdings sarkastisch mit einem Wortspiel als «famous if not infamous» (etwa: berühmt, wenn nicht gar niederträchtig), als ein Treffen mit harten Diskussionen, die jedoch oft am Kern der Sache vorbeizielten. Andere Forscher erlebten den Tag als regelrechte Inszenierung einer Redeschlacht. Wegener selbst konnte nicht anwesend sein; er steuerte lediglich eine kurze Zusammenfassung seiner Thesen in schriftlicher Form bei.

Wegener nahm diese ausländischen, nunmehr schon international geführten Diskussionen gelassen hin. Viel zu umfangreich war das von ihm mittlerweile zusammengetragene Beweismaterial, als daß er sich noch prinzipiell hätte verunsichern lassen. In einem hatten die Kritiker allerdings recht: Noch sehr viel Forschung wäre nötig, um die auch jetzt noch ungeklärten Ursachen der Bewegung zu finden. An der Drift der Kontinente selbst konnte jedoch für ihn kein Zweifel sein.

Die angenehmen Arbeitsverhältnisse am Physikalischen Institut in Graz konnten allerdings nicht darüber hinwegtäuschen, daß diese Stadt sehr abseits, genaugenommen sogar isoliert lag. Privat

waren Reisen zu Tagungen in die großen Universitäts- und Kongreßstädte kaum zu finanzieren. Deshalb versuchte Wegener, beim Ministerium einen festen Betrag für solche Reisekosten zu bekommen. Das war nicht ganz einfach. Doch um ihn nicht an eine andere Stadt zu verlieren – Berlin hatte ihm gerade die Leitung des Instituts für Meereskunde angetragen –, erklärte sich das Ministerium schließlich damit einverstanden; und so konnte Wegener die wissenschaftlichen Kontakte mit seinen Kollegen in ganz Deutschland weiterhin persönlich pflegen.
Im Sommer 1927 reiste er nach Lettland und hielt in Riga Gastvorlesungen. Anschließend untersuchte er mit zwei anderen Forschern zusammen ein eigentümliches Kraterfeld auf der Ostseeinsel Ösel. Die unterschiedlich großen Ringwälle waren mit Wasser gefüllt, ihre Deutung war wissenschaftlich umstritten. Die geologischen Untersuchungen dauerten fünf Tage; sie ergaben einwandfrei, daß die Krater durch Meteoriteneinschläge entstanden waren. Damit gehörte der «Meteoritenforscher» Wegener zu den Entdeckern des seinerzeit zweiten bekannten Meteoritenkraters auf der Erde!
Nach seiner Rückkehr erlebte er – sehr ungewöhnlich für diese Gegend – eine Windhose über Graz und der Oststeiermark. Der Verfasser des Lehrwerks über solche Tromben machte sich umgehend daran, das Katastrophengebiet und die beinahe 50 Kilometer lange Spur des Wirbelwindes minuziös zu erforschen. Dieser hatte ein wahres Trümmerfeld hinterlassen und ein Menschenleben gekostet!
Alfred Wegener forschte also auf sehr verschiedenen Gebieten. Als Meteorologe erkundete er die sensiblen Prozesse der Luft, als Geophysiker die Bewegungen der Erde, als Polarforscher das Eis und damit die Erscheinungsformen des gefrorenen Wassers und als Astronom die feurigen Phänomene der Meteoriten und Sterne. Mit gewissem Recht läßt sich Alfred Wegener deshalb als Erforscher der vier Elemente bezeichnen.
Etwas jedoch bedrückte ihn. Die wissenschaftlichen Ergebnisse

der Durchquerungsexpedition mit Oberst Koch waren noch immer nicht veröffentlicht worden. Während des Krieges hatten sie beide nicht das umfangreiche Material ausarbeiten können. In Hamburg machte sich Wegener dann daran, die barometrischen Höhenmessungen und die meteorologischen Beobachtungen auszuwerten. 1924 schickte er das Manuskript nach Kopenhagen, wo es erscheinen sollte. Koch wurde inzwischen durch seine starke berufliche Belastung und eine hinzukommende Gehirnerkrankung daran gehindert, mit seinen Ausarbeitungen voranzukommen. Einen Teil der Arbeit vollendete er; 1926 schlug er aber dann Wegener vor, er solle doch die Beobachtungen der Eisverhältnisse übernehmen; er selbst, Koch, sei nicht mehr imstande dazu, obwohl es sich um seinen Teil der Arbeit handelte. Wegener übernahm die Aufgabe des Freundes, wollte aber in jedem Fall eine gemeinsame Autorenschaft bei der endgültigen Formulierung des Textes. Dazu reiste er 1927 nach Kopenhagen, wo Koch ihm das Material übergab und sie sich über die Ausarbeitung verständigten. Doch als Wegener ihm später das im wesentlichen fertiggestellte Manuskript zuschickte, war Kochs Krankheit schon zu weit fortgeschritten; ihm waren keine Ergänzungen mehr möglich. Kurz darauf starb er. Wegener vollendete das 676 Seiten umfassende Werk allein. Es erschien 1930 in Dänemark.

Zweiter Exkurs: Die Plattentektonik

In den Jahren vor Wegeners Tod und noch Jahrzehnte danach war es sehr still um seine Drifthypothese geworden. Die meisten Forscher waren der Ansicht, daß sie entweder noch nicht genügend ausgereift und deshalb nicht den anderen konkurrierenden Theorien überlegen sei, oder sie hielten sie schlichtweg für «nicht diskutierbar». Lediglich einzelne Gelehrte standen positiv zu ihr oder setzten sich sogar für sie ein. Die Situation änderte sich erst in den sechziger Jahren, also lange Zeit nach Wegeners Tod, und zwar grundlegend. Mitunter wird emphatisch und ein wenig übertrieben von einer Wiedergeburt der Drifttheorie gesprochen; zumindest war es eine Wiederentdeckung dieser Theorie, die nun in der verwandelten Gestalt der «Plattentektonik» ihren endgültigen Siegeszug antrat. Dazu beigetragen hatten die Ergebnisse modernster Meeresforschung: die geologische und geophysikalische Erforschung der Tiefsee, die erst jetzt möglich geworden war.

Wußte man zur Zeit Wegeners vom Untergrund der Ozeanböden noch fast gar nichts, so gewann man jetzt recht klare Vorstellungen vom Aufbau der Tiefseeböden und der darunterliegenden Schichten. Die Bohrungen des amerikanischen Forschungsschiffes Glomar Challenger reichten bis in über 1000 Meter Tiefe!

Zudem entwickelte man Methoden, mit denen das einstige Magnetfeld der Erde an bestimmten Stellen ermittelt werden konnte. Die im Meer austretende und über dem Boden erstarrende Lava enthält nämlich mineralische Substanzen, die sich wie winzige Magnetnadeln verhalten. Sie richten sich nach dem magnetischen Pol aus und konnten so nach dem Erkalten mit ihrer Gestalt und Lage das damalige Magnetfeld anzeigen. Auf diese Weise erkannte man: Der magnetische Nordpol lag in früheren Zeiten nicht so wie heute! Er veränderte seine Lage. Im Wechsel sehr langer Zeiträume kehrte sich das Magnetfeld sogar völlig um! Aus dem sorgfältigen Vergleich der verschiedenen Beobachtungen konnte man zuletzt schließen, daß die Ozeanböden und Kontinente gewandert sein mußten.

Was ist nun der Unterschied der modernen Auffassung der Plattentektonik zu Wegeners Kontinentalverschiebungstheorie? Es sind nicht mehr nur einzelne Kontinente, die wandern, sondern sehr viel größere Teile der Erdkruste, sogenannte Platten, auf denen die Kontinente oder auch Kontinentalschollen sitzen und auf ihnen wie auf einer Eisscholle im Meer reiten. Die Platten tragen aber nicht nur die Kontinente, sondern auch die Ozeane. Mit ihnen driften sie auf dem flüssigen Magma des oberen Erdmantels. Man unterscheidet sieben Großplatten und etwa sieben Kleinplatten, dazu noch eine Vielzahl kleinster Mikroplatten.

Die Ursache der Drift ist von Anfang an das größte Rätsel gewesen und hat bis heute noch keine endgültige Erklärung gefunden. Die meisten Forscher nehmen an, daß gewaltige, sehr langsame Magmaströme im oberen Erdmantel die Platten in Bewegung setzen. Diese Theorie hatte auch Wegener schon in der letzten, der 4. Auflage seines Buches als möglich beschrieben. Neueste Forschungen zeigen sogar, daß der Urkontinent Pangäa nicht der Anfang war und nicht erst mit dem Auseinanderbrechen dieser Urform die einzelnen Platten entstanden, sondern daß es vor diesem Zustand der Erdkruste schon einzelne freiliegende Platten gab, die langsam aufeinander zu drifteten, sich zu einer Einheit zusammenschlossen (Pangäa) und dann erst auseinanderbrachen. Vielleicht war es sogar ein über riesige

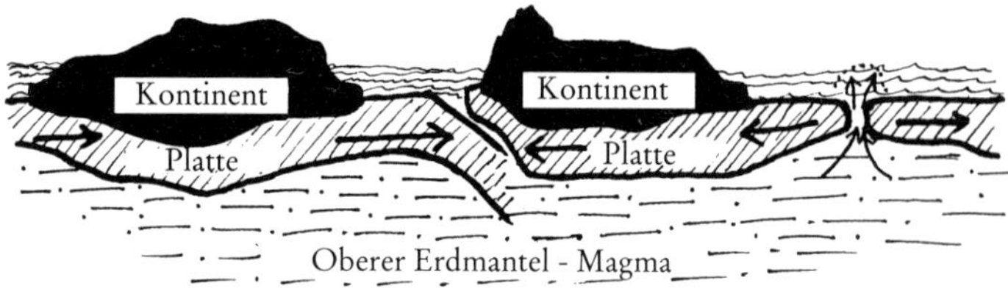

Vereinfachtes Schema der Plattentektonik

Zeiträume hinweg sich erstreckendes rhythmisches Zusammen- und Auseinanderdriften in stetem Wechsel.

Heute bewegt sich ein Teil der Platten auseinander; an den aufbrechenden Nahtstellen strömt Magma von unten herauf und bildet neuen Meeresboden (zum Beispiel den Mittelatlantischen Rücken als langgestrecktes untermeerisches Gebirge). Ein anderer Teil der Platten bewegt sich aufeinander zu; hier türmen sich riesige Faltengebirge auf, und einzelne Platten tauchen sogar unter den anderen weg, wenn der Druck zu groß ist (zum Beispiel die pazifische unter die amerikanische Platte). Die Geschwindigkeiten der Platten sind verschieden. Mit aufwendigen, aber sehr genauen Satellitenmessungen kann man langsame Platten (ein bis drei Zentimeter pro Jahr) von sehr schnellen (bis etwa zehn Zentimeter oder mehr pro Jahr) unterscheiden.

An den Nahtstellen der Platten herrscht naturgemäß eine fortwährende Unruhe. Es gibt gewaltigen Druck, ständiges Pressen, Reiben und unterirdisches Zersplittern oder eben ein erneutes Auseinanderbrechen einzelner Plattenteile. So ist es nicht verwunderlich, daß entlang dieser Bruchstellen der Platten sehr gehäuft Erdbeben und Vulkanausbrüche zu beobachten sind.

Viele Fragen zur Plattentektonik sind allerdings noch unbeantwortet, manches grundlegende Problem ist sogar noch gänzlich ungelöst. Als Gesamtbild zur Entstehung des Erdantlitzes hat die verblüffend, aber auch verführerisch einfach nachzuvollziehende Theorie der Plattentektonik wohl die berühmteste und faszinierendste Antwort gegeben. Daß die Erdkruste dabei nicht fest und starr ist, ihre Teile vielmehr in immerwährender lebendiger Bewegung betrachtet werden – diese Erkenntnis verdanken wir jedoch Alfred Wegener, dessen Überlegungen zu seiner Zeit so gewagt und revolutionierend wirkten.

7.

«Vor jedem steht ein Bild ...»

Die Vorexpedition

Anfang Januar 1928 erreichte Alfred Wegener ein Brief seines ehemaligen Studenten und späteren Mitarbeiters Johannes Georgi. Er schilderte darin seinen Plan zur Errichtung einer wissenschaftlichen Überwinterungsstation auf dem grönländischen Inlandeis.

Dann wurde Wegener bestürmt, an einer für 1929 geplanten Fahrt eines Zeppelinluftschiffes über den Nordpol teilzunehmen. Doch Wegener sagte ab. Er hielt die Erforschung des Inlandeises durch direkte Untersuchungen für sehr viel wichtiger.

Und im Mai 1928 erhielt er Besuch von Professor Wilhelm Meinardus, einem Meteorologen aus Göttingen, der ihm die Leitung eines Projekts antrug. Man hatte am dortigen geophysikalischen Institut ein seismisches Gerät entwickelt, mit dem die oberen Erdschichten vermessen werden konnten. Eine nun ins Eis gebohrte und dort gezündete Dynamitladung würde ein künstliches Beben erzeugen, dessen vom Felsuntergrund reflektierte Wellen von diesem Seismometer registriert werden könnten. Da die Laufgeschwindigkeit der Wellen bekannt war, ließe sich leicht die zurückgelegte Wegstrecke und damit die Eisdicke errechnen. Meinardus schlug Wegener vor, solche schon erfolgreich auf alpinen Gletschern erprobten Messungen während einer Sommerreise erstmals in Grönland durchzuführen, um die Dicke des Inlandeises zu ermitteln.

Da war er wieder, noch schemenhaft zuerst, dann immer deutlicher: der alte Traum von einer eigenen Grönlandexpedition!

Else Wegener hatte Bedenken. Er wußte genau, was sie meinte, auch wenn sie sich vorsichtig ausdrückte: Mehr als 15 Jahre war es nun her, daß er zuletzt das ewige Eis bezwungen hatte, und im nächsten Jahr – zum frühestmöglichen Beginn einer Expedition – würde er schon 49 Jahre alt sein.
In ihm kämpften die Liebe zur wissenschaftlichen Schreibtischarbeit und die Sehnsucht nach der Ferne, sein Forscherdrang miteinander.
Aber wie sollte ein solches Unternehmen finanziert werden? Wegener machte sich umgehend daran, eine Denkschrift zu entwerfen, die er der Notgemeinschaft der Deutschen Wissenschaft in Berlin im Sommer vorlegte.
Die Errichtung dreier Stationen sah Wegeners Plan vor, zwei am Rand des Inlandeises im Osten und Westen und eine in 3000 Meter Höhe geplante Station «Eismitte», von den beiden anderen jeweils etwa 400 Kilometer entfernt. Als ganzjährige Messungen – also mit einer Überwinterung – waren vorgesehen: zahlreiche Eisdickenmessungen vom Rand bis zur Eismitte, exakte Seehöhenbestimmungen der Eisoberfläche, Schweremessungen längs eines Querschnitts durch die Eisdecke, Temperaturmessungen des Eises mittels verschieden tiefer Bohrungen und die Messung der Gletscherbewegungen. Hinzu kämen ständige meteorologische Beobachtungen sowie die Messungen der Temperatur, Luftfeuchtigkeit, Windgeschwindigkeit und Sonnenscheindauer. Mit Drachen- und Ballonaufstiegen würden auch die höheren Luftschichten erforscht werden können und damit einen einzigartigen Querschnitt durch die gesamte Atmosphäre Grönlands erlauben.
Das Außergewöhnliche wäre aber die Anlage und Unterhaltung der zentral gelegenen Station «Eismitte» für die Dauer eines ganzen Jahres.
Eine technische Meisterleistung würde schon allein der Transport des Gepäcks darstellen: Etwa 120.000 Kilo sollten 10 Kilometer weit bis zur Hauptstation auf dem Eis der

Randzone geschafft werden und dann noch rund 10.000 Kilo etwa 400 Kilometer weit bis zur Mitte des Inlandeises, fast 3000 Meter hoch.

Johannes Georgi hatte inzwischen seinen Plan einer aerologischen Überwinterungsstation an der grönländischen Ostküste bei der Notgemeinschaft eingereicht. Um jegliche Konkurrenz auszuschalten, schlug Wegener vor, beide Pläne zu vereinigen und Dr. Georgi die Leitung der Station «Eismitte» zu übertragen. Dieser Plan fand Zustimmung.

Mit größter Befriedigung vernahm Wegener die Nachricht, daß die Notgemeinschaft sich grundsätzlich dazu bereit erklärte, die Erforschung des Grönlandeises zu unterstützen. Ihr Präsident, Staatsminister Friedrich Schmidt-Ott, berief zu diesem Zweck eine Grönlandkommission ein, die das weitere Vorgehen in die Hände nahm. Schon eine erste Beratung mit der Kommission brachte eine Erweiterung des Programms. Und um die günstigste Stelle für den Aufstieg auf das Grönlandeis an der Westküste zu erkunden, wurde eine Vorexpedition beschlossen, an der außer Alfred Wegener und dem 40jährigen Dr. Johannes Georgi noch der 34jährige Meteorologe Dr. Fritz Loewe und der 30jährige Studienrat Dr. Ernst Sorge teilnehmen sollten.

Die Mittel für die Vorexpedition waren bald bewilligt. Sein Antrag auf (bezahlte!) Beurlaubung von allen Hochschulpflichten für die Zeit beider Expeditionen wurde umgehend genehmigt. Und ein besonderes Wohlwollen genoß er bei den dänischen Behörden, die ihm aufgrund seines hohen Ansehens alle Wege ebneten, insbesondere bei der Erlaubnis zur Einfuhr von Petroleum, Alkohol, Benzin, Sprengstoff und anderen Dingen, die damals einzuführen verboten war.

Die Vorbereitungen dauerten den ganzen Winter. Er betreute unter anderem die Entwicklung eines eigens von ihm entworfenen Winterhauses, korrespondierte unentwegt mit den verschiedensten Ausrüstungsfirmen und kümmerte sich um die anzuwerbenden Teilnehmer.

Mitunter wurde die ganze Familie einbezogen. Else Wegener berichtet davon:

Ich lag mit Hilde der Länge nach auf dem Fußboden, und Alfred maß genau Länge und Breite der geplanten Zwei-Mann-Zelte aus, die sie auf der Vorexpedition verwenden wollten. Die Maße schickte er an die Sportfirma Schuster nach München, die einen Großteil der Ausrüstung herstellte. Nach dem Muster eines grönländischen Besuchsanoraks, den Alfred 1913 mitgebracht hatte, fertigte Schuster aus Windstoff die Anoraks für alle Expeditionsmitglieder. Da er die praktische Art der Kapuzenanbringung der Grönländer als Modell für seine Sportkleidung übernahm, war dies gleichzeitig die Einführung des Anoraks in den europäischen Wintersport. Anhand unseres Rodelschlittens konstruierte Alfred einen ganz leichten Handschlitten mit Bambusrohr anstelle des Holzes, der trotzdem sehr widerstandsfähig sein mußte. Er wurde in Hamburg nachgebaut. Jeder der vier Teilnehmer sollte auf der geplanten Handschlittenreise seinen eigenen Schlitten ziehen. Wenn es gelang, das Gewicht des Gepäcks eines jeden Schlittens unter 50 Kilogramm zu halten, war es möglich, die Schlitten über unwegsames Gelände hinüberzutragen, statt daß sie stehengelassen werden mußten, wie auf der Danmark- und Durchquerungs-Expedition. Wie viele Berechnungen für Proviant, Instrumentengewicht, Zelt und Schlafsäcke galt es da zu machen! Daneben liefen die Bestellungen für die Hauptexpedition und die Verhandlungen mit den dänischen Behörden.

Im März 1929 reiste Wegener nach Finnland, um sich die dort benutzten Propellerschlitten vorführen zu lassen. Zwei davon bestellte er. Anschließend fuhr er noch mit seiner Frau nach Stockholm, um dort Traktoren und Raupenschlepper zu besichtigen, die in Schnee und Eis verwendet werden konnten. Und von dort fuhr er schließlich nach Kopenhagen, um sich mit den drei Männern nach Grönland einzuschiffen.

Am 27. März 1929 verließen sie mit der «Disko» den Kopenhagener Hafen. Das Unternehmen hatte begonnen!

Die zahlreich im Hafen erschienenen Einwohner der kleinen südgrönländischen Siedlung Holsteinsborg staunten nicht schlecht, als am 21. April 1929 Unmengen von Gepäck an den Kais entladen wurden. Dann kam der Höhepunkt: Langsam und sehr behutsam ließen die Hafenarbeiter ein neun Meter langes Motorboot zu Wasser, die «Krabbe». Mit ihr würde die Expedition – ausgerüstet mit einem 8-PS-Motor und zusätzlichen Segeln – nun auf Fahrt gehen.
Am Morgen des 26. April wurden die Anker gelichtet, und ein grönländischer Lotse steuerte das Boot die Küste entlang. Den Weg übers offene Meer hatte Wegener wegen des anhaltend schlechten Wetters nicht zu wählen gewagt, doch auch in den küstennahen Gewässern lauerten Gefahren.
Aber die einheimischen Lotsen kannten sich gut aus. Ohne Zwischenfälle erreichten sie Godhavn, wo man sie – wie überall in Grönland – sehr herzlich und gastfreundlich empfing. Einige Tage später setzten sie die Fahrt nach Jakobshavn fort, wo Wegeners alter Expeditionskamerad von der Danmark-Expedition, der Grönländer Tobias Gabrielsen, zu ihnen stieß, um sie ab jetzt zu begleiten. Er würde das Motorboot betreuen, während die vier Forscher die Westküste nach Aufstiegsmöglichkeiten auf das Inlandeis untersuchten.
Das nächste Ziel war nun Quervainshavn. Dort sollten die Handschlittenreise und der Transport des Gepäcks zum Rand des Inlandeises beginnen. Doch dicht gepacktes Treibeis hinderte die «Krabbe» an freier Fahrt. Dann setzte ihnen ein gewaltiger Sturm zu. Einmal lief das Boot sogar auf einer Sandbank auf; zum Glück kamen sie bald wieder los, mußten aber eine weitere Nacht im geschützten Hafen zubringen. Erst ein zweiter Anlauf am nächsten Tag brachte sie an das gewünschte Küstenstück.
Zügig schafften sie gleich den Proviant, das Petroleum und alles andere schwere Gepäck an Land. Die Handschlittenreise würden sie jetzt wie geplant zu viert durchführen. Mitte Mai

verabschiedeten sie sich deshalb von Gabrielsen, der mit der «Krabbe» zurückfuhr. In einem Monat sollte er sie wieder hier abholen.
Nun galt es, die zahlreichen Ausrüstungsgegenstände in der Anwendung auf ihre Brauchbarkeit hin zu prüfen. Soweit wie möglich hatte Wegener darauf geachtet, nur Modelle mit größter Leichtigkeit einzusetzen. Das galt für die Schlitten, die Zelte, die Kocher und Schlafsäcke, aber auch für die wissenschaftlichen Geräte. Unter dem Proviant befand sich ein kleiner Posten von sogenanntem Amundsen-Pemmikan, einer sehr viel stärker als üblich konzentrierten Fett-Fleisch-Mischung, die ebenfalls, allerdings mit schlechtem Ergebnis, getestet wurde.
Am 13. Mai begannen sie mit dem Transport des Gepäcks, das sich schon nach vier Tagen komplett am Rande des Eises befand. Die eigentliche Schlittenreise nahm am Abend des 19. Mai, dem Pfingstsonntag, ihren Anfang.
Der Aufstieg auf den Eisrand war steil, bot aber keine besonderen Schwierigkeiten.
Ergriffen hielt Wegener inne beim ersten – und erneut überwältigenden – Anblick der «weißen Wüste». Er fühlte sich im tiefsten Innern angerührt und spürte, daß sich hier mehr als nur die Natur mitteilte:
Wem sich zum erstenmal der Blick über die weiße Eisfläche erschließt, der fühlt etwas Weihevolles. Es ist ein feierlicher Augenblick. Vielleicht ist es der restlose Sieg einer einzigen Naturkraft über alles andere, die Überwältigung des Erdbodenreliefs durch die Eisüberschwemmung, die uns packt; vielleicht ist es auch nur das, daß der Blick, bisher gehemmt durch schroffe Felswände, plötzlich in die Ferne irrt wie beim Meere. Man fühlt sich Aug in Auge mit der Unendlichkeit und wird stumm und klein.
Das erste Depot – «Konkordia» – bauten die Männer etwa 12 Kilometer vom Eisrand entfernt. Hier brachten sie auch ihre ersten Eisbohrungen an. Um die Zeltplätze bei der Rückkehr leichter finden zu können, wurden übermannshohe Schnee-

pyramiden gebaut, im lockeren Expeditionsjargon «Schneemänner» genannt.
Nun ging es in Tagesmärschen geradewegs nach Osten. Fortlaufend wurden die wissenschaftlichen Geräte getestet; die meisten bewährten sich hervorragend. Der automatische Schrittzähler jedoch erwies sich als unzuverlässig. So blieb ihnen nichts anderes übrig, als durchgängig die Schritte selbst zu zählen, ununterbrochen, ohne Unterlaß. Diese Aufgabe übernahm Loewe: eine psychische Qual. Doch er brachte es darin zunehmend zu einer solchen Meisterschaft, daß es bald fortwährend im Schrittrhythmus in ihm zählte, während er sich gleichzeitig mit den Kameraden lebhaft unterhalten konnte. Wegener rechnete später aus, daß er – quasi drei Wochen lang ununterbrochen zählend – zuletzt auf insgesamt rund 294.000 Schritte kam.
Die jeweils neuen Zeltplätze benannten die Männer nicht mit trockenen Zahlen, sondern kurzerhand nach den Namen ihrer Frauen und Kinder! Der nächste Platz wurde also auf den Namen «Hilde» getauft, 1050 Meter über dem Meer.
Am folgenden Tag ging es weiter. Es schneite ununterbrochen. Außerdem mußten die Männer angeseilt gehen, nachdem Sorge in eine vom Schnee völlig verdeckte Gletscherspalte eingebrochen war. Auch an den nächsten Tagen lernten sie weitere verborgene Spalten kennen.
Der neue Zeltplatz wurde «Käte» genannt, nun schon 1200 Meter hoch. Wieder legte man eine metertiefe Bohrung an, um später die Abschmelzung des Eises an einer tief eingebrachten Bambusstange zu messen, und setzte einen «Schneemann» als Markierung.
Zwischen diesen größeren Plätzen markierten die Männer den Weg noch in Abständen von jeweils 2000 Schritten – das entsprach etwa einem Kilometer – mit kleinen Schneepyramiden, die mit einer Leichtmetallschaufel in wenigen Minuten errichtet waren.
Der folgende Tag führte die Wissenschaftler zum Zeltplatz

«Lotte» (1330 Meter), auch er noch im langsam abschmelzenden Randgebiet des Eises. Nun würden sie das Firngebiet betreten, wo nur noch Schnee lag bzw. vom Wind unaufhörlich zu verschiedensten Bodenreliefs und sich wandelnden Mustern verweht wurde: die einförmige Schneewüste.
Die Männer legten hier ein Depot an und ließen einen Teil der Lebensmittel und das Bohrgerät zurück.
Am 25. Mai abends ging es weiter. In 1520 Meter Höhe entstand der Lagerplatz «Hans», am folgenden Tag in 1650 Meter Höhe der Zeltplatz «Sturm» – so genannt wegen eines gegen Ende des Marsches einsetzenden gewaltigen Schneesturms. Nun zeigte sich allerdings, daß die Zelte zu leicht gebaut waren. Der Zeltboden fror am Firn fest und zerriß dann beim Loslösen. Auch drückten Wind und Schnee das Dach zu sehr herab. Als Windschutz mußten sie deshalb eine Schneemauer bauen.
Trotz des anhaltenden Sturms und neuer Schneefälle erreichten sie am nächsten Tag das Lager «Gerda» in 1800 Meter Höhe.
Es gab erste Anzeichen, die an eine Rückkehr mahnten. Doch noch gab es Lebensmittel für weitere 60 Stunden, und so beschlossen die Männer zwei weitere Tagesmärsche.
Am 30. Mai brachen sie auf. Das Wetter hatte sich jedoch nur kurzfristig gebessert. Wieder setzten Neuschnee und Schneefegen ein, und dann stiegen die Temperaturen plötzlich über Null, und in den fallenden Schnee mischte sich Regen. Wie würde es bei diesem Tauwetter ihren «Schneemännern» hier oben ergehen? Und was würde mit den tieferliegenden Markierungen geschehen? Die Männer mußten doch die Lebensmitteldepots wiederfinden, sonst würden sie verhungern!
Der nächste Zeltplatz bekam den Namen «Frieda», 121 Kilometer vom Eisrand entfernt in 1910 Meter Höhe. Der neuerliche Vorstoß brachte die Gruppe zum letzten Ziel. Jetzt nur noch mit zwei Schlitten beladen erreichten sie den Platz, den sie «Else» nannten, gleichzeitig ihr Umkehrpunkt in 2090 Meter Höhe.
Der Rückmarsch zum ersten Depot war knapp berechnet

worden; aber zurück ging es leichter, und die geübte Gruppe fand sicher das Lebensmitteldepot. Meist konnten sie noch ihren eigenen Spuren folgen, die trotz des Neuschnees an verschiedenen Stellen gut zu erkennen waren. Auch die «Schneemänner» waren hier oben noch gut erhalten.

Doch ein anderes Phänomen machte ihnen zu schaffen. Die meiste Zeit über war nämlich der Himmel bedeckt, und das von allen Seiten gleichmäßig intensiv einfallende Licht strahlte so diffus, daß es ihnen nicht mehr möglich war, den Boden unter sich wahrzunehmen. Wegener berichtet darüber: *Das verursachte eigenartige Gefühle und Täuschungen, ganz besonders beim Vorangehenden, der in ein großes Nichts hineinmarschierte. Aus dem Bestreben, den Boden, von dessen Existenz er ja doch überzeugt war, zu erkennen, entsprangen Halluzinationen: Bald glaubte er sich einer Wand gegenüber und erwartete im nächsten Augenblick mit der Stirn dagegen zu rennen; bald hatte er die Vorstellung, auf einer stark (...) geneigten Fläche zu balancieren.* So wurde es zunehmend schwieriger, die «Schneemänner» wiederzufinden. Oft mußten sie nach 2000 Schritten – dem jeweiligen Abstand – anhalten und systematisch nach der Markierung suchen.

Dennoch kamen sie planmäßig vorwärts. Über «Gerda» und «Hans» erreichten sie nach «Lotte» und «Hilde» in der Nacht zum 11. Juni das Depot am Eisrand. Die kleinen, ursprünglich etwa einen Meter hohen «Schneemänner» waren allerdings zu kärglichen Resten zusammengeschmolzen und kaum mehr auszumachen. Zuletzt waren sie völlig verschwunden.

Die Männer hatten ihr Ziel erreicht und schlugen übermütig scherzend und mit größtem Wohlbehagen ihr Zelt auf grünem Rasen auf. Gegen Mittag des 12. Juni näherte sich dann wie vereinbart Gabrielsen mit der «Krabbe», stürmisch begrüßt von den vier Wartenden. Die seinerzeit zweitlängste Handschlittenreise auf Grönlands Eis war glücklich zu Ende gegangen und hatte wertvolle Aufschlüsse über die Eisverhältnisse der Randzone und die Brauchbarkeit der zum Teil erstmals eingesetzten Ausrüstungsgegenstände gebracht.

Die Wochen vergingen.

Trotz unermüdlicher Arbeit war die zweite große Aufgabe, die Erkundung einer Aufstiegsroute im Umanaq-Distrikt noch nicht erledigt. Unzählige Fjorde hatten sie rastlos abgefahren, vier erfolgversprechende Gletscher hatten sie schon erprobt. Doch nirgends konnten die Bedingungen zur Beförderung großer Lasten erfüllt werden. Wenn sich kein geeigneter Aufstieg in diesem Gebiet finden ließe, würde dies den gesamten Zeitplan durcheinander bringen.

Die Lösung brachten eines Tages Georgi und Loewe von einem längeren Erkundungsmarsch mit. In einem Seitenarm des Ingnerit-Fjords, der auf der dänischen Seekarte gar keinen Namen hatte und von den Grönländern Kamarujuk (helle Bucht) genannt wurde, hatten sie einen vier Kilometer langen Gletscher entdeckt, der vom Inlandeis bis zum Meer reichte und einen Aufstieg ermöglichte.

Das war ihr Gletscher!

Nun konnten sie auch die geplante Hundeschlittenreise über diesen Gletscher auf das Inlandeis vorbereiten, um sorgfältig das doch schwierige Randgebiet zu erkunden.

Wegener und Loewe fuhren deshalb bald nach Kekertarsuak, um dort den – wie es hieß – besten Hundekutscher des Distrikts, Johann Davidson, anzuwerben. Weitere Grönländer, Hunde und Schlitten hatten sie vorher schon bestellt.

In Umanaq holte Wegener fünf Schlittenhunde und 130 Kilo Hundefutter (getrockneten Fisch), einen Schlitten und ein geliehenes Zelt an Bord der «Krabbe». Und in Uvkusigsat kauften sie alles Weitere ein, was sie noch brauchten: Pelzzeug, Hundefutter, Lebensmittel. Sie warben weiterhin sieben Grönländer an und liehen ein großes Ruderboot, zudem drei Hundeschlitten und 23 Hunde mit dazugehörigem Geschirr und Peitschen.

Am 18. Juli traf das Schiff schließlich am Fuß des Kamarujuk ein. Noch am selben Tag schafften sie das gesamte Gepäck an Land. Doch die anschließenden Lasttransporte erwiesen sich als äußerst schwierig und sehr kräftezehrend. Wie vorhergesehen war der komplizierteste Teil die Passage der Gletscherbruchzone. Die Grönländer blickten zunehmend bedenklicher. Die schroffen und glatten Eisbrüche und die zumeist gewaltigen Spalten erschreckten sie. Das Wetter verschlechterte sich, und außerdem hatten sie bald nichts mehr zu essen, obwohl vereinbart worden war, daß sie sich selbst verpflegen sollten. So mußte die Expedition ihre Versorgung übernehmen – mit den Reserverationen.

Für den Transport hatten die Männer mit Eisäxten Stufen in die Eisbrüche geschlagen, die allerdings täglich neu herausgehauen werden mußten, da das Schmelzwasser sie nach etwa einem Tag verschwinden ließ. Ab und zu fielen einzelne Hunde in verwehte Firnspalten, und die Männer mußten hinabsteigen, um sie heil wieder heraufzuholen.

Ende Juli aber war es geschafft. Das gesamte Gepäck lag oberhalb der Bruchzone. Das Depot sollte die Basis für die Unternehmungen des nächsten Jahres sein. Für die Vorexpedition wurde davon nichts gebraucht.

Die Grönländer kehrten nach Hause zurück. Nur Davidson blieb bei den Forschern. Er war auch der einzige der Grönländer, der keine Angst vor den Spalten und dem Inlandeis hatte.

Die Wissenschaftler führten zahlreiche Messungen durch; nun wurde die Zeit allmählich knapp für den geplanten Vorstoß ins Innere. In Etappen wurde deshalb das Depot etwa 25 Kilometer weiter nach Osten vorgeschoben und dann auf einem eisfreien Felsen das Hauptlager «Scheideck» eingerichtet. Mit den vier Hundeschlitten kamen sie gut voran, und Sorge, Georgi und Loewe hatten zum ersten Mal die Möglichkeit, sich in der Technik des Kutschierens von Hundeschlitten zu üben. Wegener war ja schon auf seinen früheren Expeditionen ein geübter Hundeschlittenführer geworden.

Am 21. August richteten sie in 1590 Meter Höhe im Firngebiet einen weiteren Zeltplatz ein. Sie nannten ihn «Abschied»; denn Wegener hatte eine Teilung der Gruppe vorgesehen. Während Loewe und Sorge weitere Eisdickenmessungen durchführen und das Hinterland untersuchen sollten, wollte er mit Georgi und Davidson auf einer Hundeschlittenreise möglichst weit nach Osten vordringen.
Am 27. August erfolgte die bislang schwierigste Eisdickenmessung am Zeltplatz und die erste auf Firngebiet. Bislang waren ein bis zwei Kilo Dynamit für die Sprengungen verwendet worden; nun drückte Loewe vorsichtig insgesamt 13,5 Kilo der plastischen Dynamitstäbe in die vorgesehene Bohrung. Zur Zündung betätigte er einen kleinen, mit der Hand in Gang gesetzten Dynamo. Währenddessen bereitete Sorge die komplizierte Meßapparatur im lichtdichten Zelt vor. Ein Lichtpunkt zeichnete die Erschütterungen auf einem Registrierstreifen auf. Die vom Felsengrund reflektierten Wellen zeigten die Eisdicke an. Sie betrug an dieser Stelle 1200 Meter. Damit war die erste wissenschaftliche Messung überhaupt im Firngebiet gelungen und zeigte zudem einen Wert an, der alle bislang gemessenen Werte bei weitem übertraf.

Am 24. August 1929 brachen Wegener, Georgi und Davidson auf. Die vierzehntägige Hundeschlittenreise zur Erkundung der Route ins Innere als Vorbereitung für das kommende Jahr lag vor ihnen. Es ging genau nach Osten. Nach jeder Stunde, und damit ca. fünf Kilometern, hielten sie an und errichteten einen «Schneemann», um den Rückweg zu markieren. Zwischendurch steckten sie vom fahrenden Schlitten aus schwarze Fähnchen in den weißen Schnee.
Johann Davidson fuhr als erfahrener Schlittenführer voraus. Ihm folgten die beiden Wissenschaftler. 20 bis 30 Kilometer legten sie jeden Tag zurück. Längst schon hatte sie die weiße Wüste gefangengenommen und unter ihre Gesetze gezwungen.

Es war ermüdend, Morgen für Morgen Schlitten, Hunde und Zelt erst durch langwierige Grabungen aus den großen, über Nacht entstandenen Schneewehen zu befreien. Durch den Wind litten auf dem Marsch nicht nur die Augen der Hunde, sondern auch unsere eigenen. Johann, der sich beim Vorausfahren am wenigsten schützen konnte, bekam auf dem rechten, dem Winde ausgesetzten Auge trotz der Schneebrille eine sehr schwere Augenentzündung und war mehrere Tage völlig blind auf dem Auge. Auch ich hatte eines Nachts so starke Augenschmerzen, daß ich die Mittel gegen Schneeblindheit aus unserer Apotheke heranziehen mußte. Georgi erfror sich den kleinen Finger der rechten Hand so stark, daß eine große Blase stehen blieb. Unsere Fingerspitzen bekamen wieder – wie auf der Handschlittenreise – tiefe, bis ins Fleisch gehende Risse, mit denen man überall hängen blieb und die stark schmerzten. Johann wurde auch tagelang durch Rheumatismus im rechten Arm geplagt, infolge Überanstrengung durch fortwährendes Peitschenschwingen. Nein, es läßt sich nicht leugnen: Die Reise ins Innere durch die Windzone ist hart, unsäglich hart! Es ist ein wilder Kampf, und wer nicht unter allen Umständen entschlossen ist durchzukommen, auch wenn der Himmel einstürzt, der soll lieber zu Hause bleiben.

Am 30. August erreichten sie das letzte Ziel. 208 Kilometer hatten sie zurückgelegt und eine Höhe von 2510 Meter über dem Meer erreicht. Den letzten Zeltplatz nannten sie der Situation entsprechend «Umkehr». Wegener notierte in seinem Tagebuch: *Des Menschen Wille ist sein Himmelreich! Bei objektiver Betrachtung hätte ich es zweifellos besser haben können, wenn ich in Graz geblieben wäre und dort meine Vorlesungen abgehalten, Bücher geschrieben und zwischendurch schöne Erholungstouren in den Alpen mit Frau und Kindern gemacht hätte. Welcher Teufel hatte mich eigentlich geritten, daß ich all diese Herrlichkeiten freiwillig von mir schob und ohne jeden zwingenden Grund in diese von allen guten Geistern verlassene Gegend zog, wo nur das widerliche Schneefegen herrscht? Das Sprichwort von dem*

Esel, dem es zu gut geht und der deshalb auf das Eis (in diesem Falle Inlandeis) geht, paßte eigentlich in fataler Weise auf meinen Fall. Und dennoch fühlte ich keine Ernüchterung, sondern nur den Triumph, ja ein leises Bedauern, daß unsere Zeit es nicht zuließ, noch weiter zu gehen. Es war mir ordentlich feierlich zumute bei dem Gedanken, daß nun das letzte Ziel unserer Expedition erreicht war. Am Zeltplatz unseres letzten Vormarschtages holte ich unsere deutsche Flagge hervor und befestigte sie an unserer letzten, hier als Zuwachsstation aufzustellenden Bambusstange. Sie stand wie ein Brett in dem Wind und wirkte mit ihren frischen Farben belebend in dieser Umgebung. Nun hatten wir sie doch schon halbwegs bis zur Mitte von Grönland getragen!

Der letzte Tag des Monats wurde zum Ruhetag erklärt und für zahlreiche wissenschaftliche Untersuchungen verwendet. Unter anderem legten sie eine tiefe Grabung an, um die Dichte und Temperatur im Innern des Firns zu erforschen.

Am 1. September machten sie sich auf den Rückweg. Nun hatten sie den Wind im Rücken. Am 5. September schon erreichten sie das Lager «Scheideck», wo sie Sorge und Loewe wiedertrafen. In den folgenden Tagen transportierten sie das Gepäck und die Instrumente zur Küste hinunter – immer den Blick aufs Meer gerichtet, bis sie die «Krabbe» am Horizont erblickten. An Bord stand alles für sie bereit: frischer Fisch, Zigarren und auch Post. Allein von seiner Familie erhielt Wegener acht Briefe.

Während der Rückfahrt kollidierte das Motorboot unerwartet mit einem schwimmenden Eisbrocken. Beide Schraubenflügel brachen. Es gab keinen Ersatz. So wurden kurzerhand die Segel gesetzt, und mit 4 Knoten setzte die Mannschaft die Fahrt fort. Am 8. Oktober 1929 gingen die vier Männer der Vorexpedition an Bord der «Gertrud Rask», mit der sie am 2. November Kopenhagen erreichten.

Mit dem Blick eines Freundes

Da die Räume des Lehrstuhls für Meteorologie im Gebäude des Physikalischen Instituts lagen, sahen sich der Direktor des Instituts – der Experimentalphysiker Professor Hans Benndorf – und Wegener praktisch täglich. Oft plauderten sie nach seiner Vorlesung ein halbes Stündchen in Wegeners Zimmer. Im Laufe der Zeit entstand so neben der fachlich kollegialen Zusammenarbeit auch privat eine schöne Freundschaft.

Jahre später ...

Einige Zeit nach Wegeners Tod blätterte Professor Benndorf im Nachlaß seines Freundes. Die Arbeit am Institut hatte sie besonders in den letzten Jahren einander sehr nahegebracht. Und nun sollte er – der zehn Jahre Ältere – ein Lebensbild über den zu früh Gestorbenen schreiben. Eine geophysikalische Zeitschrift hatte ihn darum gebeten.

Benndorf blätterte in den zahlreichen Unterlagen, versuchte sie ein wenig zu ordnen – und seufzte. Dann nahm er ein kleines Notizbuch Wegeners zur Hand, schlug es irgendwo auf, überflog die handgeschriebenen Eintragungen – und stutzte.

Kein Mensch, der etwas Namhaftes in der Welt vollbringen will, darf erwarten, es zu vollbringen, es sei denn unter dieser Bedingung: «Ich will es vollbringen oder sterben.»

Benndorf lächelte. Es stand nicht dabei, von wem der Ausspruch stammte, aber: Genau das war Wegener! So zielbewußt und kristallklar hatte er sein Leben geführt. Jawohl, nicht einfach «gelebt», sondern «geführt». Und dies in aller Bescheidenheit, nicht auf äußere Wirkung bedacht. Nun begann Benndorf zu schreiben …

Jugendzeit – Grönland – die große Idee – die Wissenschaft – zweite Grönlandreise – die Ehe mit Else – der Krieg – die Hamburger Jahre – die zahlreichen wissenschaftlichen Veröffentlichungen … dann Ostern 1924, als Wegener in Graz eintraf.

Hans Benndorf blickte kurz auf. Ab jetzt konnte er aus eigener Erfahrung über Wegener berichten.

Der Beginn ihrer Freundschaft – der Institutstee – die Studenten …

Er schrieb: *Beim Tee erzählte er uns viel von seinen Reisen, und die Studenten, die von seinen Erlebnissen nicht viel wußten, lauschten gespannt und mit höchstem Interesse seinen Worten. Daß unserer akademischen Jugend, die so sehr auf den Sport und in Graz besonders auf den Skisport eingestellt ist, seine Leistungen gewaltig imponierten, ist ja selbstverständlich. Auch daß er ein berühmter Gelehrter war, wußten ja wohl die meisten von ihnen, daß man ihm aber so gar nichts davon anmerkte, daß er mit dem jüngsten Schüler so schlicht und einfach wie gleich zu gleich verkehrte, das war es, was ihm die Herzen der Jungen im Sturm gewann. Ich glaube, für Wegener wären sie durchs Feuer gegangen, und hätte jemand gewagt, die Verschiebungstheorie zu bezweifeln, so wären sie gewiß gern zu handgreiflichen Argumenten übergegangen.*

Besonders fasziniert hatte Benndorf von Anfang an Wegeners wissenschaftliche Denkungsart, seine wissenschaftliche Methode, die bemerkenswert war: gleichermaßen phänomenologisch und intuitiv. Rein aus der Sinneswahrnehmung und dem inneren Stillewerden ließ er sich die Phänomene der Natur selbst aussprechen. Benndorf schrieb weiter:

… auch wissenschaftliche Fragen wurden beim Tee behandelt, und es wurde oft eifrig und lebhaft diskutiert. Da war es mir immer von großem Interesse, die eigenartige, von der meinen so

ganz abweichende Denkweise Wegeners zu beobachten. Er gewann seine Erkenntnisse meist durch instinktartige, innere Anschauung, nie oder nur ganz selten etwa durch Deduktion aus einer Formel, die aber dann auch nur ganz einfach sein durfte. Auch wenn es sich um physikalische Fragen handelte, die seinem eigenen Arbeitsgebiete ferne lagen, staunte ich oft über sein sicheres Urteil. Er pflegte dann oft nach einer ziemlich langen Pause des Nachdenkens zu sagen: «Ich glaube, die Sache ist so», und meistens war sie auch so, was wir oft erst nach mehreren Tagen erkennen konnten, nachdem der Beweis gelungen war. Wegener besaß einen selten trügenden Sinn für das Wirkliche.

Ich glaube, man kann unter bedeutenden Männern der Wissenschaft zwei Typen unterscheiden, die ich kurz als induktive und deduktive Denker oder, weniger genau, aber anschaulicher, als Entdeckernaturen und Erfindernaturen bezeichnen möchte.

Wegener gehört ausgesprochen zu den Entdeckernaturen. Sein geistiges Schaffen ging stets von der Beobachtung aus; er war ein ganz hervorragender Beobachter. Sein Auge hat gesehen, was Tausende vor ihm schon betrachtet haben, ohne es zu sehen.

So haben überraschend viele seiner Arbeiten Erscheinungen zum Gegenstand, die entweder durch ihre Schönheit oder Seltsamkeit oder Großartigkeit auffallen und Eindruck machen. Ich zähle als Beispiele wahllos auf, was mir gerade einfällt: Wasserhosen, Blitzschläge, Wolkenformen, Meteore, Nordlichter, Dämmerungsbögen, Luftspiegelungen, Zodiakallicht, Halos, Regenbögen, Haareis, Schneekristalle, Staubwirbel, Aufsturzkrater und manches andere.

Auf die Beobachtung folgt die Verwunderung und auf diese das Bedürfnis, die beobachtete Erscheinung zu verstehen, die Gesetzmäßigkeit zu erklären. Wie viele Meteorologen vor Wegener mögen den Rauch aus Schornsteinen beobachtet haben, ohne daraus Konsequenzen zu ziehen – erst Wegener führt diese Beobachtung zur Einführung des Turbulenzbegriffes in der Meteorologie. Wieviel hundert Schneekristalle sind photographiert worden – erst Wegener weist die Entstehungsursache der verschiedenen Formen auf.

Die Verwunderung regt die Phantasie an, und diese beginnt ihr wunderbar-geheimnisvolles Spiel, bis plötzlich der Gedanke da ist. Dieses intuitive Erfassen ist, wie wenn ein inneres geistiges Auge vorhanden wäre, das in die Natur hineinsieht und die Zusammenhänge unmittelbar erschaut, wo andersgeartete Menschen sie langsam erschließen müssen. Ist aber einmal der Gedanke da, dann kommt die mühsame Kleinarbeit, die ihn erst für die Wissenschaft brauchbar macht, indem sie ihn auf seinen Wahrheitsgehalt prüft. Mit unendlichem Fleiße muß alles Ähnliche, schon Bekannte zusammengetragen oder Neues durch Beobachtungen beschafft werden.

So war es bei Wegener im kleinen, z.B. bei der Auffindung des Meteors von Treysa, im großen bei seiner Theorie der Entstehung der Kontinente und Ozeane.

An eine Episode erinnerte er sich jetzt, die ihm besonders nachdrücklich im Gedächtnis geblieben war und die Wegeners große Bescheidenheit und gleichzeitig «felsenfeste Überzeugtheit» von seiner Anschauung zeigte.

Im Jahre 1928 war es, glaube ich, da gab er mir eines Tages einen Brief aus Kopenhagen zu lesen, in dem mitgeteilt wurde, daß die 1927 ausgeführte dänische Längenmessung im Vergleich mit der im Jahre 1922 durchgeführten den unanfechtbaren Nachweis erbracht habe, daß Grönland in den letzten fünf Jahren sich um 180 m nach Westen, das ist also 36 m pro Jahr, verschoben habe; ein Betrag, der mit dem von Wegener 1922 angegebenen von 32 m überraschend stimmt.

Ich war über diese Nachricht höchst erfreut und nur einigermaßen erstaunt, daß sie Wegener ganz gleichgültig zu sein schien. Ich fragte ihn daher: «Freust du dich denn gar nicht darüber?» Worauf Wegener lächelnd meinte: «Mir ist's schon recht, jetzt werden's die Leute wohl endlich glauben.» Er selbst war seiner Sache, auch ohne diese Nachricht, völlig sicher. Diese felsenfeste

Überzeugtheit ist für Wegener sehr charakteristisch und stammt einerseits aus seiner außerordentlichen Vertiefung in das Problem, andererseits aus der intuitiven Art seines Erkennens.

Wie oft hatten sie beide und zwei weitere Kollegen in der Folgezeit über geophysikalische Probleme diskutiert! Und wie oft hatte dieser angeregte Gedankenaustausch jedem bei seiner Arbeit wiederum wichtige Anregungen gegeben!

Auch die Freizeit verbrachten sie mitunter zusammen. Benndorf dachte schmunzelnd zurück an jenen Winteraufenthalt in der Ramsau am Fuße des Dachstein. Eine große Gruppe von Verwandten und Freunden war da zusammengekommen.

Ich hatte leider versäumt, rechtzeitig das Skilaufen zu erlernen und meinte nun, zu alt dafür zu sein. Wegener wollte dies aber nicht gelten lassen, verfaßte für mich eine schriftliche Anleitung: «Sichere Methode für alte Herren, das Skilaufen zu erlernen» und überredete mich, mit ihnen in die Ramsau zu gehen. (…)

Wegener gab sich rührende Mühe, mir das Skilaufen beizubringen, aber leider behielt ich recht und habe meinem Lehrer und seiner Methode wenig Ehre gemacht. Er selbst war ein guter Skiläufer, zwar nach altmodischer Art mit nur einem Stocke fahrend, dafür aber sehr sicher und auch schwierigen Stellen im Hochgebirge gewachsen.

Hans Benndorf schrieb und schrieb … Er war im Verlaufe der Arbeit innerlich ganz ruhig geworden, dem lieben Freund sehr nah. Die Hand zögerte kurz, als er zum Schluß des Lebensbildes kam. Dann aber schrieb er zügig: *Seit alters her hat man die drei Dinge: schöpferische Phantasie, Streben nach Erkenntnis der Wahrheit und eisernen Fleiß als Kennzeichen des genialen Mannes der Wissenschaft angesehen.*

Es ist daher, glaube ich, durchaus berechtigt, wenn man Wegener als einen genialen Forscher bezeichnet.

Die letzte Expedition

Die Vorexpedition war ein Erfolg gewesen. Wegener wirkte verjüngt. Aber nun begann eine Zeit ungewissen Wartens. Die Mittel für die Hauptexpedition – immerhin rund 300.000 Mark – waren zwar prinzipiell bewilligt, aber noch nicht freigegeben worden. Die Notgemeinschaft ließ sich Zeit. Die Expedition war jedoch für Wegener mittlerweile zur Lebensfrage geworden. Er wußte genau, daß sie, wenn nicht jetzt, dann wegen der schwierigen Wirtschaftslage in absehbarer Zeit wohl kaum mehr zustandekommen würde. Und später wäre er, jetzt kurz vor den Fünfzig stehend, dann auch zu alt, um die Leitung einer solchen Expedition noch verantwortlich übernehmen zu können. Er war sich bewußt, daß der kleinste Fehler bei den Vorbereitungen das Gelingen des ganzen Unternehmens und das Leben der Teilnehmer gefährden konnte. Wohl kaum wurde eine Expedition bis ins kleinste so sorgfältig vorbereitet wie diese. Ununterbrochen plante und berechnete er, gab Bestellungen auf, stellte Lieferungen zusammen, führte Gespräche. Mehrfach fuhr er auch zu persönlichen Verhandlungen nach Berlin, München und Kopenhagen, oft die Nacht im Zug verbringend; denn in diesem Winter ging für ihn ja der normale Vorlesungsbetrieb weiter.

Im Dezember schließlich wurden die Mittel bewilligt! Zwar knapp bemessen, aber ausreichend.

Erleichtert atmete Wegener auf. Nun endlich hatte er freie Hand. Und er nutzte die restlichen Wochen.

Die Liste der Teilnehmer an der Expedition war stattlich. Else Wegener teilt sie mit einer einleitenden Bemerkung mit:
Das große wissenschaftliche Programm mit seinen Spezialgebieten erforderte eine größere Anzahl von Fachkräften, als Wegener ursprünglich geplant hatte. Die Auswahl war sehr schwierig. Hier wurde nicht nur Fachwissen verlangt, sondern ebenso körperliche Gewandtheit und Ausdauer und vor allem charakterliche Eignung. Nur wenn alle ihre ganze Kraft für das gemeinsame große Ziel einsetzten, konnte das Unternehmen Erfolg haben. Jeder einzelne mußte stets bereit sein, dem Kameraden zu helfen, und dabei an seinen eigenen Arbeiten so interessiert sein, daß er alle Kraft daran setzte, sie auch unter den erschwerenden Bedingungen des harten Polarlebens in Kälte und Winternacht auszuführen.
Neben den Wissenschaftlern brauchte man Techniker für die Propellerschlitten und Funkstationen und die Ausführungen der Sprengungen bei den Eisdickenmessungen. So warb Wegener im Lauf des Winters sieben Wissenschaftler und sechs Techniker für die West- und zentrale Firnstation an. Dazu kamen drei Pferdepfleger aus Island, darunter sein alter Kamerad Vigfus von der Durchquerungs-Expedition.
Die Teilnehmer an der Expedition waren außer dem Leiter Professor Dr. Alfred Wegener: Dr. Johannes Georgi, Meteorologe, Leiter der zentralen Firnstation, Dr. Rupert Holzapfel, Meteorologe an der Weststation, Dr. Fritz Loewe, graziologischer Assistent an der Weststation. Dr. Ernst Sorge übernahm Eisdickenmessungen und Graziologie an der Firnstation. Dr. Karl Weiken, Geodät, Schweremessungen und trigonometrische Höhenmessungen. Dr. Kurt Wölcken, Geophysiker, Eisdickenmessungen an der Weststation und auf dem Inlandeis. Ingenieur Kurt Herdemerten, Sprengsachverständiger. Mittelschulprofessor Hugo Jülg und cand. ing. Georg Lissey, Assistenten für die Vermessungsarbeiten. Emil Friedrichs, Feinmechaniker. Franz Kelbl, Monteur, und Manfred Kraus, Monteur, Propellerschlittenführer und

Funker. Dipl.-Ingenieur Curt Schif, Leiter der Propellerschlitten-Montage für den Sommer 1930. Dazu drei Isländer: Vigfus Sigurdson, Jon Jonson und Gudmund Gislason, Student der Medizin, als Pferdeführer. Dr. Bernhard Brockamp sollte erst im Sommer 1931 für Eisdickenmessungen zur Expedition stoßen. Für die Oststation hatten sich drei Mann gemeldet: Dr. Walther Kopp, Meteorologe, Dr. Hermann Peters, Zoologe, und cand. ing. Arnold Ernsting. Das genügte für dort, da diese Gruppe mit dem Motorboot bis ins Innere des Scoresbysundes fahren konnte, wo ihnen die Grönländer der Kolonie beim Errichten des Winterhauses helfen konnten. Im Westen benötigte man eine viel größere Zahl eingeborener Helfer. Wegener hoffte mit Recht, daß es durch die guten Beziehungen der Vorexpedition zu den Grönländern gelingen werde, stets die nötige Anzahl für die Transportarbeiten und Hundeschlittenreisen zu erhalten.

Die Verladearbeiten im Kopenhagener Hafen glichen den Zuständen eines Tollhauses. So war es gut, daß Wegener bald dort eintraf und die Arbeiten umsichtig in ruhigere Bahnen lenkte. Else half ihm bei den letzten Einkäufen, Bestellungen und Berechnungen. Auch sein Bruder Kurt war gekommen. Die offizielle Verabschiedung erfolgte in kleiner Runde bei einem Essen mit dem Staatsminister Schmidt-Ott. Die letzten Tage, bevor die «Disko» am 1. April 1930 in Kopenhagen schließlich ablegte, schildert Else in ihren Erinnerungen:

In Kopenhagen war es meine Aufgabe, die Reporter fernzuhalten. Wegener legte keinen Wert auf Publicity. Die letzten Tage vor der Ausreise waren sowieso übervoll von Arbeit und Besprechungen mit den Expeditionsteilnehmern. Georgi hatte seinen Vertrag mit der Notgemeinschaft noch nicht unterschrieben, weil er mehr Freiheit in der Verwendung seiner Photos verlangte. So gab es noch im letzten Augenblick Schwierigkeiten zu überwinden. Alfred wollte nicht «befehlen», sondern durch sein Beispiel wirken und erwartete von seinen Kameraden eigene Initiative und Arbeitseifer. In seiner bedächtigen Art zögerte er stets mit

Abb. 13: Im Kamarujuk-Fjord wurde die Ausrüstung entladen. Es galt, 120 000 kg auf das Inlandeis in 1000 m Höhe zu schaffen. Neben Schlitten und Pferden die erstmals als Transportmittel auf dem Inlandeis vorgesehenen Propellerschlitten (Motorschlitten mit Luftschraubenantrieb), in Finnland entwickelt und gebaut.

Abb. 14: Die Expeditionsmitglieder (Westgruppe) bei der Abreise in Kopenhagen am 1. April 1930. Stehend v. l. n. r.: F. Kelbl, A. Wegener, M. Kraus, H. Jülg, R. Holzapfel, E. Friedrichs, K. Weiken, K. Herdemerten; J. Georgi, C. Schif. Sitzend v. l.: G. Lissey, F. Loewe, K. Wölcken, E. Sorge.

der Kritik an der Arbeit anderer. Würden alle bereit sein, seine überlegene Polarerfahrung anzuerkennen und sich danach richten? Auch die «alte Garde», die drei Teilnehmer der Vorexpedition, die doch nur eine Sommerreise in Grönland gemacht hatten und noch nicht die Schwierigkeiten einer Überwinterung kannten? Es standen ja in der kurzen Sommerzeit riesige Transportarbeiten bevor, bei denen Alfred nicht immer dabei sein konnte, da ihm wegen seiner Kenntnis der dänischen Sprache und seiner Autorität in Grönland auch die Verhandlungen mit den dänischen Behörden und den Grönländern zufallen mußten. Würden inzwischen die Arbeiten in Kamarujuk reibungslos und seiner überlegenen Einteilung entsprechend weitergehen? Dabei mußte man ja mit unvorhergesehenen Zwischenfällen rechnen. Schon auf der Vorexpedition waren sie dauernd mit etwas im «Druck» gewesen, wie Alfred in seinem Tagebuch schrieb. Glück auf Expeditionen hatte mir Alfred einmal als das Vorhandensein einer gewissen Kraftreserve definiert, die unerwartete Schwierigkeiten überwinden half. Würde eine solche Reserve vorhanden sein? Würden alle sich dem großen Ziel unterordnen oder würde der Egoismus einzelner alle vorsichtige Planung umstoßen und das Leben aller gefährden? Mir war schwer ums Herz. Aber ich wußte doch auch, wie Alfred sich freute, nun seine Pläne einer gründlichen Erforschung des Inlandeises verwirklichen zu können! Welch ein Glück für ihn, daß er sich mit 49 Jahren noch kräftig genug fühlte, den Unbilden der Polarnatur zu trotzen!

Es galt für mich, den Kopf oben zu behalten und den andern anwesenden Frauen Mut zu machen. Am 1. April durften wir noch an Bord der «Disko» bis nach Helsingör mitfahren. Ein letzter Abschied. «Leb wohl!»

Am 1. April war die «Disko» ausgelaufen. Die nach Expertenmeinung bislang am besten ausgerüstete Polarexpedition war glücklich dem gewaltigen Abschieds-«Bienenschwarm» entkommen.

Ganz nach Plan hatten sie am 4. Mai die Umanaqbucht erreicht. Aber nun saß ihr neues Schiff, die «Gustav Holm», an Bord 17 Wissenschaftler, davon drei Isländer, mit ihren 100.000 Kilo Gepäck buchstäblich im Eise fest.
Sie warteten schon seit Wochen! Aber das Eis brach nicht auf. Es war zermürbend. Der gesamte Zeitplan für den kurzen Sommer schien ernstlich gefährdet. Anfangs hatte die Arbeit, ein gewaltiges Pensum, sie vor allzu schwarzen Gedanken bewahrt. Aber nun war diese Ablenkung kein Trost mehr. Nicht nur Wegener, auch die anderen Expeditionsteilnehmer wurden unruhig und deprimiert. Zuerst hatte er geglaubt, das Gepäck über das Meereis hinweg mit den Pferden zur Kamarujukbucht bringen zu können. Doch schon beim ersten Versuch mußten sie erfahren, daß dort alles inzwischen so brüchig war und weiter auftaute, daß kein Pferd mehr durchkam. So beschlossen sie, die gesamte Ausrüstung abzuladen und mit Hilfe zahlreicher Grönländer nach Uvkusigssat zu schaffen.
Die beiden Paradestücke der Expedition – zwei Propeller-Motorschlitten, die erstmals auf dem Inlandeis eingesetzt werden sollten – waren noch in allerletzter Minute über das schon mürbe Eis bis zum Kamarujuk-Gletscher gebracht worden.
Am 18. Mai abends traf die «Krabbe» in Uvkusigssat ein, frisch gescheuert und neu aufgetakelt. Das Warten hielt an.
Am 9. Juni, dem 31. Wartetag, notierte Wegener in seinem Tagebuch:
Das Wetter ist trübe, und meine Stimmung noch mehr ... Das Programm unserer Expedition wird allmählich ernstlich gefährdet durch die Hartnäckigkeit des Eises.

Verärgert schlug Wegener das Buch zu.
Um sich für einige Augenblicke zurückzuziehen, trat er ins Freie und blickte prüfend und dann sinnend über das Eis hinaus in die Ferne.
Oh ja, er konnte sich gut erinnern. Damals mit der Danmark-

Expedition hatte es angefangen. Ein Neuling im ewigen Eis war er mit seinen 27 Jahren gewesen. Und begierig hatte er alles aufgesogen und sich angeeignet, was die anderen ihm an Polarerfahrung voraus hatten.

Ich lerne viel, hatte er damals in sein Tagebuch geschrieben.

Wegener lächelte.

«Ich lernte damals eigentlich alles», flüsterte er.

Wehmütig – und zugleich dankbar – dachte er an Mylius-Erichsen, der ihn den Umgang mit den Hundegespannen gelehrt hatte und den das Eis zuletzt behalten hatte ...

Nun war er – Wegener – der Leiter einer Expedition. Nun lastete auf ihm die gesamte Verantwortung, und er mußte seine Erfahrungen weitergeben.

Und nun dies.

Der 38. Tag brachte die Erlösung. Genauer gesagt die Nacht. Alles schlief – enttäuscht, entmutigt. Da weckte der grönländische Wachmann Wegener aufgeregt in seiner Koje. Eine gewaltige Eismasse hatte sich langsam in Bewegung gesetzt. – Nun versuchten die Männer den ganzen folgenden Tag, in den etwa 500 Meter breiten Eisstreifen, der sie noch vom offenen Wasser der Kamarujuk-Bucht trennte, eine Rinne zu sprengen. Zahlreiche Zündungen funktionierten nicht. Es ging nur sehr langsam voran. Schließlich öffnete sich das Eis – doch an einer ganz anderen, nicht bearbeiteten Stelle!

Jetzt galt es, das Transportsystem umgehend in Gang zu setzen und möglichst viel verlorene Zeit wieder aufzuholen. Rasch wurden die Pferde beschlagen, und alle Männer machten sich auf den Weg hinauf in den Gletscherbruch, um dort einen Übergang zu bauen, den die Tiere mit ihren Traglasten betreten konnten. Mit Schaufeln und Eisäxten schlugen sie die schroffen und glatten Eiswände aus und füllten hinderliche Spalten auf. Oft regnete es, so daß die Männer abends völlig durchnäßt in die Zelte krochen. Wegener selbst war meist am längsten im Bruch.

Die Arbeit ging gut voran. Nun kamen auch die Sprengmeister zum Einsatz.

Zwischendurch unternahm Wegener eine Fahrt durch den Umanaq-Fjord, um Schlitten und Hunde für die Schlittenreise ins Innere zu besorgen sowie Grönländer anzuwerben. Das war nicht ganz einfach. Herdemerten erklärt es:

Sie sind seit langem Christen. Aber viel steckt noch in ihnen von ihrem alten Dämonenglauben. Warum? Wir haben es selbst kennengelernt, daß man unter der Wucht dieser gewaltigen Natur, in der der Mensch unendlich klein wird, selbst fast zum Dämonisten werden kann. Der Grönländer geht nicht in das Innere Grönlands; dort hausen für ihn Dämonen und böse Geister. Man hatte Wegener vorausgesagt, daß es ihm wohl kaum gelingen würde, Grönländer als Hundekutscher für das Inlandeis zu gewinnen. Seinem so außerordentlich liebenswürdigen Wesen aber ist es doch gelungen. Die Grönländer hingen bald mit Liebe und Ehrfurcht an ihm.

Nun lernten die Europäer auch die Einheimischen besser kennen. Vieles war für sie – so Herdemerten – neu und schwer verständlich.

Hier hatten wir auch Gelegenheit, uns mit der Sprache der Eskimos vertraut zu machen. Da wir bei den Transporten und anderen Arbeiten manchmal bis 40 Grönländer als Helfer bei uns hatten, mußten wir uns verständigen können. Die Sprache ist nicht leicht zu erlernen, es gibt Grönlandkenner, die behaupten, wenn die Grönländer sprechen, höre es sich an, als ob gefrorene Kartoffeln eine Kellertreppe hinunterkullerten. Allmählich entstand so eine eskimoische «Expeditionssprache», die für einen Kenner dieser Sprache fürchterlich geklungen haben muß. Die Hauptsache aber war, daß wir einander verstanden. Das ist nicht leicht, denn diese Menschen, die man als «die guten Menschen» bezeichnet, sind in ihrem Charakter so grundverschieden von uns Europäern, daß es schwer ist, sich in ihr Denken und Fühlen hineinzuversetzen. Es sind wirklich gute Menschen, gibt es doch in ihrer Sprache nicht einmal ein Wort für Lüge oder Diebstahl. Man kann sie auch als das immer fröhliche Volk bezeichnen. Selbst in den schwersten Lagen, wenn es auf Tod und Leben ging, habe ich nie erlebt, daß sie den Kopf hängen ließen, ja sie haben nicht einmal ihr Lachen verloren. Es wäre falsch, sie als eine Art Lohnbedienstete zu betrachten. Sie sind ein freies Jäger- und Fischervolk mit sehr viel Stolz, und wenn man sie nicht als Kameraden behandelt, gehen sie heim. Sie nehmen zwar gern ihren Tageslohn entgegen für die Hilfsarbeiten, die sie bei uns leisten, doch sind sie nicht darauf angewiesen.

Nach meiner Beobachtung ist es wohl zuerst die Neugierde, zu erfahren, was wir dort tun, treiben und mit uns führen, die die Grönländer veranlaßt, oft sehr schwere Arbeiten anzunehmen, wie es nun einmal Transportarbeiten sind. Später ist es dann Anhänglichkeit, die sie veranlaßt zu bleiben. Aber länger als vier Wochen halten sie nicht aus, denn sie müssen ja durch den Fang ihre oft sehr große Familie ernähren. Dem muß man auf Expeditionen Rechnung tragen und sich rechtzeitig nach neuen Hilfskräften umsehen.

Dann begann der Transport! Äußerst mühevoll allerdings, und von Anfang an unter hohem Zeitdruck.

Wegener forderte viel; denn das eigentliche Ziel – die Errichtung der zentralen Firnstation, später «Eismitte» genannt – war noch immer gefährdet, da sie nicht wußten, ob die Ausrüstung rechtzeitig vor Wintereinbruch dorthin geschafft werden konnte. Ständig berechnete Wegener die verschiedenen Transportleistungen. Vieles ging ihm zu langsam. Andererseits durfte er die Männer und Tiere nicht zu sehr überlasten. Einige Mitarbeiter machten Fehler. Doch Wegener übernahm jedes Mal die Verantwortung dafür, weil er, wie er meinte, die Fehler ja zugelassen habe.

Allmählich ließen die Kräfte aller bedenklich nach, auch schon bei den Pferden. Sie waren teilweise so schwach, daß sie sich nach der Arbeit auf den Boden legten, was sonst bei Islandponys nie vorkommt. Wegener ließ zum Heu noch zusätzlich Kraftfutter ausgeben. Er durfte keine Pause erlauben. Nicht nur er kannte die alte Polarregel, die besagte, daß bis zum 15. September alles zur Überwinterung bereit sein mußte, da dann der einsetzende Winter jeden Transport und jegliche Arbeit im Freien unmöglich macht. Und sie waren insgesamt fast sechs Wochen im Rückstand.

Die gesamte Organisation klappte nicht sehr gut. Einige Männer mußten beim Transport der Propellerschlitten außerplanmäßig eingesetzt werden, weil hier immer wieder unvorhergesehene technische Schwierigkeiten auftauchten.

Da griff Wegener eine Idee Sorges auf, nämlich einen Weg auf der eisfreien Seitenmoräne des Gletschers anzulegen. Die anderen Expeditionsmitglieder hatten skeptisch abgewunken, als sie es hörten. Nun aber waren die täglichen Zerstörungen des Gletscherweges durch das zunehmende Schmelzwasser so stark geworden und die dadurch notwendigen Ausbesserungsarbeiten so zeitraubend, daß Wegener es wagte.

Kurz entschlossen warb er weitere Grönländer an, jetzt waren es insgesamt 33, und begann mit dem Wegebau, zuerst noch zur Probe. Und Wegener behielt recht.

Schon am 15. Juli waren Georgi, Loewe und Weiken mit zehn Grönländern und zwölf Hundeschlitten nach Zentralgrönland aufgebrochen, um dort mit dem Bau der zentralen Firnstation zu beginnen und die meteorologischen Beobachtungen in Gang zu setzen. Die Weststation hatte mit den Messungen bereits Mitte Juni begonnen. Die Ostgruppe – eine gesondert arbeitende Expedition – mußte wegen des sehr späten Aufbrechens des Meereises ebenfalls Terminverzögerungen beim Aufbau ihrer Station verkraften. Noch war nicht einmal gesichert, ob sie vor Beginn des Polarwinters betriebsbereit hergerichtet werden könnte. Doch Wegeners Sorgen galten jetzt vor allem der zentralen Überwinterungsstation, die von der Weststation aus beschickt werden mußte. Etwa 5000 Kilo Ausrüstung – so berechnete er – wären das absolute Minimum, um die Station für den Winter zu sichern.

Als Loewe am 27. Juli zurückkehrte, brachte er gute Nachrichten. Alles war viel schneller gegangen als geplant.

Wegener erhielt die Nachricht, daß Georgi die geplante Stelle für die Überwinterungsstation erreicht hatte: 400 Kilometer vom Rand des Eises entfernt.

Vielleicht ging nun doch noch alles gut? Die Stimmung schwankte.

Da traten die Isländer zu Wegener.

«Es ist soweit. – Das Heu geht endgültig zur Neige!»

Das aus Island erwartete Futter war nicht rechtzeitig eingetroffen. Einer der Männer sprach:

«Wir sehen nur noch zwei Möglichkeiten: Entweder müssen wir einige Tiere schlachten – oder wir lassen sie weniger Transportgänge pro Tag machen.»

Wegener überlegte eine Weile. Beides würde bedeuten, daß sie nicht rechtzeitig die Transportarbeiten beenden könnten. Das aber hieße wiederum …

Wegener stand rasch auf und erklärte mit fester Stimme:

«Es wird nicht abgeschlachtet und mit gleicher Fütterung wie bisher die gleiche Anzahl Gänge durchgeführt. Ich werde schon für Abhilfe sorgen.»

Die Männer schwiegen. Dann aber nickten sie und gingen langsam zurück an ihre Arbeit.

Wegener indes handelte, und zwar umgehend. Mit der «Krabbe» fuhr er die umliegenden grönländischen Niederlassungen an. Dort holte er die Frauen und Kinder zusammen und wies sie an, soviele der karg wachsenden Grashalme und Grasbüschel wie möglich zu rupfen und sie zum Trocknen in der Sonne auszulegen. Nach einigen Tagen würde er wiederkommen und das Heu abholen … Und Wegeners Plan klappte!

Gestern nachmittag wurden im Laufe von vier Stunden bei Umanak bereits 600 Kilogramm Gras (200 Kilogramm Heu) eingeliefert … Es sieht also doch so aus, als ob ziemlich viel Heu zusammenkäme! … Alles in allem erscheinen mir die Aussichten heute wieder besser. Zähigkeit, Ausdauer, nicht nachlassen und nicht den Mut verlieren, das ist das, was wir brauchen …

In den folgenden Tagen brachte er genügend Heu (mehrere Tonnen!) zusammen, um die Krise zu überwinden und die Zeit bis zum Eintreffen des bestellten Futters zu überbrücken. Kein Pferd mußte geschlachtet werden, und die Arbeit ging ohne Zeitverlust voran …

Der Gletscherbruch war mittlerweile so sehr von Spalten durchsetzt und der Transportweg dadurch so sehr zerstört, daß er mit Lasten nicht mehr passierbar war. Jetzt zeigte sich endgültig, daß die Anlage des Moränenwegs richtig gewesen war. Dort schritten die Transporte zuverlässig voran. Am 27. August begann man, das Winterhaus der Weststation zu errichten.

Weitere Transporte ins Inlandeis glückten. Aber nur relativ geringe Mengen (zusammengerechnet etwa 3200 Kilo) konnten dabei auf den drei Hundeschlittenreisen bewegt werden. Alle Hoffnungen richteten sich folglich darauf, daß die beiden Propellerschlitten «Schneespatz» und «Eisbär» funktionieren würden. Wegener schrieb in sein Tagebuch:

Wir standen festgebannt und lauschten andächtig, bis der Probelauf beendet war. Noch zweimal ertönte die Sphärenmusik, und jedesmal packte es mich so, daß ich stehenblieb und lauschte, bis der Motor wieder angestellt wurde. Ich hatte das Gefühl: Hier wird ein Traum Wirklichkeit! … Die Pferde auf dem Gletscher, die Hunde- und Propellerschlitten auf dem Inlandeis, das ist das Richtige. Wir beginnen eine neue Epoche der Polarforschung … Was wir hier tun, ist das unmittelbare Programm der künftigen Südpolarforschung. Wie wundervoll, daß wir es sein dürfen, die diesen bahnbrechenden, ja – nach den vielen Flugzeugunfällen im Polargebiet – erlösenden Schritt tun … Ich bin schon die ganzen letzten Tage in gehobener Stimmung, denn wir siegen jetzt auf der ganzen Linie.

Doch bald schon sollte sich zeigen, daß die Wirklichkeit nicht ganz so rosig aussah. Die Propellerschlitten fuhren gut auf glatter Bahn und bei gutem Wetter. Doch bei Steigungen erwiesen sich die Motoren als zu schwach, bei Sturm kamen die Männer auch mit Vollgas nicht vorwärts. Hinzu kam, daß die Kufen im Firn leicht festfroren, und der backende Neuschnee verhinderte oft einen reibungslosen Start, so daß erst geschoben und dann auf das fahrende Gefährt aufgesprungen werden mußte ...
Die Männer schafften nur kurze Transportstrecken und legten am Endpunkt jeweils ihre Ladungen ab. Bis Kilometer 200, bis zur Hälfte der Strecke also, reichte die erfolgreichste Transportfahrt Mitte September. Auf dem Rückweg havarierte dann ein Schlitten und mußte stehengelassen werden. Halb verhungert erreichte die Mannschaft schließlich die Weststation, und das in letzter Minute; denn der Polarwinter hatte mit starken Stürmen und anhaltendem Schneefall begonnen.

Seit dem 1. August 1930 war Georgi in der Überwinterungsstation allein. Da das Überwinterungshaus noch fehlte, schlief er im Zelt. Doch nachts wurde es bald für ihn und die Geräte zu kalt. Deshalb begann er, im Firn einen unterirdischen Raum auszuheben, wo die empfindlichen Meßinstrumente Schutz vor einem zu raschen Temperaturwechsel fanden. Mit den ausgehobenen Firnblöcken baute Georgi eine Mauer gegen das unangenehme Schneefegen. In völliger Einsamkeit führte er seine zahlreichen Messungen nach einem genau erstellten Plan durch, fast sieben Wochen lang. Erst am 13. September bekam er Gesellschaft. Ernst Sorge, der mit der dritten Hundeschlittenfahrt gekommen war, blieb zur wissenschaftlichen Arbeit in der Station.
Bald vergrößerten sie die Firnhöhle, so daß allmählich ein großer Raum entstand, in dem sie – tief unter der Oberfläche – ihr Zelt aufschlagen konnten. Noch immer fehlte aber der größte Teil ihrer Ausrüstung.

Abb. 15: Transport mit dem Hundeschlitten auf dem Inlandeis. Im Hintergrund ein Schneemann, den Wegener alle 5 km zur Kennzeichnung der Route zwischen der Weststation und Station «Eismitte» errichten ließ.
Abb. 16: Wegener bei der Eisbohrung zur Messung der jährlichen Abschmelzung.
Abb. 17: Fesselballonaufstieg zur Messung von Lufttemperatur und Luftfeuchte über dem Inlandeis.

Die Männer, die am 21. September von der letzten Fahrt nach «Eismitte» zurückkamen, hatten Briefe von dort mitgebracht. Georgi und Sorge hatten eine Liste noch dringend benötigter Ausrüstungsgegenstände beigelegt – auf das Winterhaus verzichteten sie zugunsten wissenschaftlicher Geräte – und die Mitteilung, daß sie, falls überhaupt kein Nachschub mehr eintreffen sollte, die Station spätestens am 20. Oktober aufgeben und dann den Weg zurück antreten würden.
Wegener wußte, daß auch dieser Termin schon gefährlich war. Hielten die Schneefälle an, müßten die beiden Wissenschaftler steckenbleiben und umkommen. Es war keine Zeit mehr zu verlieren.
Wegener hatte sich schon vor einigen Tagen entschlossen, eine vierte Hundeschlittenreise nach «Eismitte» vorzubereiten. Die Leitung dieser Schlittenreise sollte programmgemäß Karl Weiken übernehmen. Doch dann übernahm Wegener selbst die Führung und übertrug Karl Weiken die Leitung der Weststation für die Zeit seiner Abwesenheit.
Am 22. September startete die Gruppe, mit Wegener, Loewe, 13 Grönländern und 15 Hundeschlitten …
Erst im Mai des kommenden Jahres erfuhren die Männer der Weststation, was auf dieser Expedition geschehen war.

Inzwischen baute die Westgruppe ihr Winterhaus aus und setzte die Messungen der Eisdicke und die meteorologischen Beobachtungen fort. Am 24. Oktober schließlich konnte Herdemerten ins Haus einziehen.
Aber noch war nicht alles fertig in der Hütte. Doch die Transporte hatten genügend Lebensmittel, Petroleum und andere Lasten, die zu einer Überwinterung notwendig sind, zum «Igdlorsuak» gebracht. So nannten die Grönländer unsere Überwinterungsstation, was zu deutsch «das große Haus» heißt. Es war auch höchste Zeit, denn die Ponys sackten zusehends zusammen, waren sie doch nicht an solch tiefe Temperaturen und derartige

Stürme im Freien gewöhnt. Eines Nachmittags kam Gudmund mit den Tieren zum Winterhaus. Es war für uns ein böser Nachmittag. Die Ponys mußten jetzt erschossen werden. Keiner wollte dies tun. Zu sehr waren sie uns in den langen Monaten ans Herz gewachsen. Auf Gudmund fiel das Los. Wir sahen, wie er das erste Tier umarmte und auf die Schnauze küßte. Dann setzte er ihm die Pistole an die Stirn, der Schuß krachte, und das Tier sackte zusammen. Gudmund weinte dabei wie ein Kind. Wir gingen still in die Hütte, saßen schweigend da und hörten Schuß um Schuß. Dann kam Gudmund herein und legte die Pistole wortlos auf den Tisch.

Zwei Ponys standen noch für die letzten Transporte hinter einer Zeltschutzwand auf «Scheideck», ständig vor Kälte zitternd, doch auch sie wurden bald erlöst. Wenige Tage später schnitten wir uns mit Axt oder Zimmermannssäge Frischfleisch aus den steinhart gefrorenen Körpern der braven Helfer. So ist die Arktis!

Eine widersprüchliche Welt.

Und immer wieder hatte sich gezeigt, daß trotz des technischen Fortschritts die Pferde und die Hunde in dieser Zone atemberaubender Schönheit und ständiger Lebensgefahr die wichtigsten Helfer der Menschen waren.

Auch die Hunde hatten die Männer auf ihren Schlittenfahrten lieben gelernt, und – zu durchschauen, wie Herdemerten erzählt:

Wenn man auf seinem Schlitten sitzt und über die weiße Bahn fährt, sieht man vor sich seine Hunde brav den Schlitten ziehen. So brav sind sie aber gar nicht. Es gibt dabei alte Spitzbuben, die genau wissen, wie man sich vor der Arbeit drücken kann.

Selbstverständlich kommen wir zuerst nicht dahinter, wenn wir mit dem Schlitten abfallen. Wir schieben das dann auf die schlechteren Hunde, die wir haben, und grollen im Innern darüber, daß die Grönländer sich die besseren ausgesucht haben. Wenn man dann mit dem Grönländer darüber spricht, lächelt er und bittet, daß man sein Gespann übernehmen möchte. Weiter geht die Fahrt, und schon nach kurzer Zeit liegt man wieder mit seinem Gespann am Ende. Bis dann einmal eine Gelegenheit kommt, daß man als Gast auf einem Schlitten sitzt, den ein Grönländer kutschiert.

Plötzlich geht dann ein breites Grinsen über sein Gesicht, er zeigt mit dem Peitschenstiel auf einen Hund im Gespann und sagt: «Krimik kassak», das heißt ein «Tunichtgut». Dann klopft er ganz leicht mit dem Peitschenstiel auf die Zugleine dieses Hundes. Er hat nur so stark gezogen, daß die Leine stramm ist, und mehr nicht. Er bekommt eins übergebrannt und legt sich aufjaulend ins Zeug.

Nun wissen wir Bescheid. Wenn der Schlitten beginnt abzufallen, fahren wir mit dem Peitschenstiel über die zehn Zugleinen unseres Gespanns, und schon merken wir, welcher der «Tunichtgut» ist.

Die Hunde scheinen sich bei der Fahrt manches zu erzählen. Der linke Außenhund möchte dem Mittelhund was ins Ohr flüstern. Blitzschnell schiebt er sich unter den Leinen hindurch und drückt sich neben dem Mittelhund in die Reihe. Der zweite von rechts ist neugierig und möchte wissen, was sie sich zu erzählen haben. Dasselbe Manöver, und auch er läuft neben dem Mittelhund. So geht es weiter. Und der Knoten, der dadurch in den zehn Leinen, beginnend am Schlitten, entsteht, wird immer länger. Allmählich ist er so lang, daß die Hunde in Bedrängnis kommen. Sie werden durch die kürzer gewordenen Leinen ganz eng zusammengerückt. Wieder fällt der Schlitten ab.

Nichts bleibt einem übrig, als zu halten. Die Hunde legen sich sofort zum Ausruhen hin. Da steht man nun bei vielleicht 25 Grad Kälte und 60 bis 80 Sekundenmeter Windgeschwindigkeit und versucht mit bloßen Händen, denn anders geht es nicht, einen etwa zwei Meter langen Knoten aus zehn Hundeleinen, die außerdem knochenhart zusammengefroren sind, auseinander zu zerren. Das ist eine gefährliche Arbeit. Die Finger können leicht dabei erfrieren. Die Fahrt muß zügig fortgesetzt werden, so daß die anderen Schlitten bald unter dem Horizont ent-

Abb. 18: Letzte Expedition: Hunde an Bord der «Krabbe».

Abb. 19: Die Islandponys auf dem Gletscherfuß.

schwinden. Ist das Wetter gut, macht es nicht viel aus, doch treibt der Schnee, dann sind die Spuren bald verweht. Den Anschluß zu verlieren, kann den Tod bedeuten.
Die Grönländer aber fahren fast einen ganzen Tag, ohne daß sich ein solcher Knoten bildet. Sie verraten uns auf Befragen, daß die Hunde sich durchaus nicht etwas erzählen wollen, sondern daß sie aus alter Erfahrung wissen, daß sie rasten können, sowie es ihnen gelingt, einen Knoten zu machen. Der Eskimo kennt seine Hunde genau. Uns scheint, als ob er schon vor der Tat im Gehirn seiner Hunde die böse Absicht liest. Ehe der Hund zur Ausführung kommt, erhält er eins mit der langen Peitsche übergebrannt. Er fühlt sich ertappt und bleibt schön an seinem Platz.

Etwa 30 Tage hatte Wegener für diese vierte Hundeschlittenreise veranschlagt – ostwärts Richtung «Eismitte» und zurück. Am dritten Tag trafen sie unvermutet auf die Gruppe der Propellerschlittenfahrer, die mit «Eisbär» aufgebrochen waren und nun heimkehrten. Wegeners Männer trauten ihren Ohren kaum: nur 200 Kilometer weit waren die vier Motorschlittenfahrer gekommen und dann wegen Nebels und ständigen Schneetreibens liegengeblieben, eine Tagesreise von «Eismitte» entfernt. Der Proviantmangel hatte sie schließlich gezwungen aufzugeben.
Wegener überlegte. War das Petroleum, das die Motorschlittengruppe bis zum Kilometer 200 gebracht hatte, nicht wichtiger als ein Teil seiner eigenen Schlittenlast? Kurzentschlossen lud er einen Teil des Gepäcks ab und deponierte ihn.
Noch am selben Tag fuhren sie weiter. Zehn Kilometer schafften sie. Vor ihnen türmten sich graue Schichtwolken, das Zeichen für Schnee. Am nächsten Morgen herrschten dichtester Nebel und ununterbrochener Schneefall. Zwei ganze Tage lang.
Erst am 27. September konnten sie weiterfahren.
Bald schon trafen sie auf den wegen Motorschadens liegengebliebenen «Schneespatz». Er bot ein trauriges Bild.
Bis Kilometer 62 kamen sie an diesem Tag. Es begann, kälter zu

Abb. 20: Die sich von Tag zu Tag erweiternden Spalten im Gletscher zu überspringen, war den Hunden sehr unangenehm. Rechts Dr. Sorge.

Abb. 21: Letzte Expedition: Eskimo-Trägerkolonne.

werden. Einen Grönländer hatten sie schon mit der Propellerschlittengruppe zurückschicken müssen; sein Schlitten war so unglücklich gebrochen, daß keine Reparatur mehr möglich war. Auch die anderen Grönländer wollten umkehren. Nur vier Männer konnte Wegener dazu bewegen, gegen eine höhere Bezahlung bei ihm und Loewe zu bleiben. Die übrigen acht kehrten um. Wegener gab ihnen einen Brief an Weiken mit.

Kilometer 62, den 28. September 1930

Lieber Weiken!
Meine Befürchtung ist eingetroffen. Nicht nur sind die Propellerschlitten nicht weitergekommen als bis 200, auch unsere Schlittenreise ist durch die Ungunst des Wetters zusammengebrochen. Von den zwölf Grönländern, die nach Oles Fortgang noch blieben, fahren heute acht nach Hause. Es hat große Mühe gekostet, die anderen vier bei uns zu halten. Und ob es gelingt, mit ihnen bis 400 zu kommen, muß sich noch zeigen. Wir haben heute früh – 28,2 Grad, Schneefegen und Gegenwind, eine liebliche Witterung … Wir versuchen jetzt, das fehlende Petroleum nach 400 hineinzubringen, sonst nur Kleinigkeiten. Ob Sorge und Georgi dann dort bleiben oder mit uns herausfahren, muß sich noch zeigen. Wenn es geht, möchte ich ja die Station den Winter über halten, aber auch nur dann! Das Haus können wir nicht hineinbringen, aber darauf wollten sie ja verzichten. Das Ganze ist eine schwere Katastrophe, und es nutzt nichts, es sich zu verheimlichen. Es geht jetzt ums Leben. Ich will Sie nicht bitten, etwas für die Sicherung unserer Rückreise zu tun. An Depots ist ja kein Mangel. Die einzige Hilfe, die Sie bieten könnten, wäre psychologischer Art, wenn wir einer ausfahrenden Abteilung begegneten. Aber das wäre im Oktober wieder mit beträchtlichem Risiko für diese Entsatzabteilung verbunden. Sorges Plan, am 20. Oktober mit Handschlitten abzumarschieren, halte ich für undurchführbar. Sie würden nicht durchkommen, sondern unterwegs erfrieren. – Wir werden tun, was wir können, und brau-

chen ja die Hoffnung noch nicht aufzugeben, daß es gut geht. Aber mit den guten Reisebedingungen dürfte es jetzt endgültig vorbei sein. Schon die Reise hierher war sehr hart, und was uns bevorsteht, ist jedenfalls keine Vergnügungsfahrt.
Mit den besten Grüßen an alle und auf gesundes und mit Erfolgen zufriedenes Wiedersehen!

Ihr Alfred Wegener

Das Wetter setzte ihnen gewaltig zu. Wegener ordnete an, erneut einen Teil der Nutzlast abzuladen. Nur das Allernotwendigste wurde behalten, neu umgepackt, sorgfältig gewogen und aufgeladen.
Am 29. September konnten sie weiterreisen: sechs Schlitten mit 69 Hunden und noch fast 2000 Kilo Traglast.
Das Wetter wurde nun klar. Aber wegen des Neuschnees kamen sie nur langsam voran.
Am 1. Oktober: Kilometer 120.
Da erklärte Frederiksen, der älteste der Grönländer, sehr bedächtig, daß er nun umkehren wolle. Wieder gab es Verhandlungen. Und schließlich blieb der Grönländer. Und mit ihm die anderen.
Am 2. Oktober konnten sie jedoch wegen Nebel und Schnee nicht aufbrechen. Nun lud Wegener fast die gesamte Nutzlast ab, um nur noch Petroleum vom Kilometer 200 aufzunehmen.
Nur kurze Strecken schafften sie in den folgenden Tagen, kaum zwei Kilometer pro Stunde. Die Hunde versanken so tief im Schnee, daß sie sich oft nur mit Sprüngen weiterbewegen konnten.
5. Oktober: Kilometer 151.
Erneut trat Frederiksen zu Wegener, völlig erschöpft, mit entzündeten Augen, und erklärte, daß nun alle Grönländer endgültig umkehren würden.
In Wegener löste diese Mitteilung zwiespältige Gefühle aus; denn er hatte kurz zuvor entsetzt erkannt, daß die Expedition

wegen des langsamen Weiterkommens mittlerweile nicht mehr genug Futter und Proviant besaß, um als ganze Gruppe bis «Eismitte» zu gelangen. So stimmte er zögernd zu.
Erneute Gespräche folgten, Verhandlungen. Wiederum ein Umpacken der Lasten. Ein ganzer Reisetag ging dadurch verloren. Abends erklärte der 22jährige Rasmus Villumsen, bei ihnen bleiben zu wollen. Der zurückkehrenden Gruppe gab der Expeditionsleiter einen letzten Brief mit.

Kilometer 151, den 6. Oktober 1930

Lieber Weiken!
Der weiche tiefe Neuschnee hat unsere Marschgeschwindigkeit sehr herabgesetzt: 1. Oktober 15 Kilometer, 2. Oktober null, 3. Oktober sechs Kilometer, 4. Oktober 14 Kilometer, 5. Oktober elf Kilometer. Hierdurch ist unser Programm wieder über den Haufen geworfen. Wir schicken nun drei Grönländer nach Haus. Ich hatte jedem eine Expeditionsuhr versprochen, falls sie bis 200 durchhielten. Da wir sie jetzt von uns aus heimschicken, bitte ich Sie, ihnen die versprochenen Uhren auszuhändigen und Sorge zu tragen, daß auch für Rasmus, der uns weiterbegleitet, eine Uhr bereitliegt …
Wir reisen von hier mit drei Schlitten weiter, die später auf zwei reduziert werden sollen, und hoffen so, wenn auch praktisch ohne Nutzlast, Georgi und Sorge zu erreichen, sei es bei Station «Eismitte» oder schon auf dem Rückmarsch …
Sie wissen jetzt mit Bestimmtheit, daß drei Mann zurückzuerwarten sind, da für fünf Personen nicht genügend Lebensmittel bei Eismitte vorhanden sind.
Ich bitte Sie, noch eine kleine Hundeschlittengruppe als Entsatz auszusenden, vielleicht zwei Gespanne, zwei Expeditionsteilnehmer. Die Entsatzabteilung soll bei Kilometer 62 ihre Basis haben und hier unsere beziehungsweise unserer Kameraden Rückkehr abwarten. Doch wäre es sehr erwünscht, wenn Lebensmittel noch weiter vorgeschoben würden. Denn die ganze

Strecke jenseits Kilometer 62 ist knapp mit solchen versehen. Die Entsatzabteilung bitte ich, etwa am 10. November von Scheideck in Gang zu setzen. Sie muß auf eine Wartezeit bei Kilometer 62 bis 1. Dezember gefaßt sein ...
Es geht uns gut, bisher keine Erfrierungen, wir hoffen auf guten Ausgang. Lassen Sie und Ihre Kameraden sich nicht in der Verfolgung der wissenschaftlichen Aufgaben beirren. Bitte noch durch Entsatzabteilung in deren Bereich Wegezeichen verbessern beziehungsweise neue Flaggen einstecken!
Viele Grüße an alle!

Alfred Wegener

Wegener, Loewe und Rasmus Villumsen kamen nur sehr langsam vorwärts, quälend langsam.
7. Oktober: Kilometer 160.
8. Oktober: Kilometer 165.
9. Oktober: Kilometer 170.
Nun fiel strenger Frost ein; die Temperaturen sanken auf 30 Grad minus, dann rasch auf 40 Grad minus.
Wegener ordnete einen Rasttag an. Lange erörterten sie die Lage. Es sah schlecht aus: Lebensmittel waren nur noch für 14 Tage vorhanden. Sie rechneten hin und her: tägliche Marschleistung – Proviant – Entfernung «Eismitte» – und zurück. Spätestens bei Kilometer 230 mußte der Entschluß zur Umkehr gefaßt werden.
11. Oktober: Der Schnee war besser geworden.
Aufbruch. Das gesamte restliche wissenschaftliche Material ließen sie zurück, auch einen Teil des Hundefutters. Jetzt ging es ums Ganze. 10 Kilometer schafften sie an diesem Tag.
Nun schöpften sie wieder Hoffnung, daß sie die ihnen – wie sie erwarteten – entgegenkommenden Männer, Georgi und Sorge, treffen konnten. Deshalb kehrten sie zu Kilometer 170 zurück, um den dort deponierten Proviant und das Futter mitzunehmen. Dann mit neuem Mut und neuer Kraft wieder zurück, nach Osten, immer weiter.

Am 13. Oktober: Kilometer 200!
Neben einer Wetterhütte fanden die Männer dort die drei errichteten Depots mit allem, was für «Eismitte» bestimmt war: das Überwinterungshaus, Petroleum, Benzin ...
Das Wetter blieb gut. Doch der Aufbruch verzögerte sich. Zu viel gab es bei den Depots zu tun. Zahlreiche wissenschaftliche Instrumente mußten jetzt auch in Gang gesetzt werden. Die Tage waren ohnehin kürzer geworden.
Der Vormarsch wurde schwerer. Jeden Tag gerieten sie bis weit in die Dunkelheit. Doch schon beim ersten Morgengrauen war Wegener jeden Tag als erster auf den Beinen und bereitete das Frühstück.
Schließlich, am 16. Oktober, erreichten sie Kilometer 230. Was nun? Umkehren, wie besprochen? Die letzten Tage hatten jeweils eine gute Tagesleistung erbracht, also reisten sie weiter. Eine Umkehr vor «Eismitte» war ab jetzt allerdings nicht mehr möglich; das nächste Proviantdepot lag zu weit entfernt, bei Kilometer 62.
Planmäßig kamen sie voran. Die restliche Nutzlast bestand nur noch aus 40 Litern Petroleum, einem Zweimannzelt, einem Segeltucheimer, einer Schaufel und einer Laterne. Am 20. Oktober – dem angegebenen Abreisetag Georgis und Sorges – erreichten sie Kilometer 292. Vielleicht würden die beiden Gruppen sich schon in vier Tagen treffen können? Die drei Männer schafften weiterhin täglich ihr vorgesehenes Pensum, jeweils 15 Kilometer.
24. Oktober: Kilometer 335.
Nun lagen die Temperaturen ständig bei unter 40 Grad minus, auch am Tage. Die folgende Zeit nannte Loewe eine «Flucht nach vorn». Die Temperaturen fielen noch weiter und hielten sich schließlich bei unter 50 Grad minus! Das Hundefutter wurde knapp, nur noch zweieinhalb Futterrationen hatten sie. Loewe schilderte den Kampf später:
Die Temperaturmittel der letzten Tage vom 26. bis 30. Oktober

lagen sämtlich unter 50 Grad Kälte. Die ausgeatmete Feuchtigkeit gefror sofort zu kleinen Eiskristallen, und da bei der niedrigen Temperatur die Luft ständig mit Wasserdampf übersättigt war, bildeten sich dann überall in der Umgebung neue Kristalle, ähnlich wie eine unter 0 Grad abgekühlte Wassermasse plötzlich in Eiskristallen zusammenschießt, wenn man ein einzelnes Eiskristall hineinwirft. So war die Karawane ständig in eine kilometerlange Wolke gehüllt. Jedes festere Anfassen war unangenehm, unangenehm das Aufschlagen des Zeltes in der Dunkelheit, unangenehm der nächtliche Reifregen im Zelt, eine Plage das Ordnen der Zugleinen, das mit bloßen Händen und den Zähnen gemacht werden mußte. Eine Plage war das Hundefutterverteilen; der wasserhaltige Pemmikan war so hart wie Stein und konnte kaum mit der Axt zerschlagen werden. Die Hunde, von der Kälte schwer mitgenommen und nicht allzu reichlich gefüttert, suchten nachts immer wieder ins Zelt einzubrechen.
Auch im Zelt, wo selbst bei brennendem Primus eisige Kälte herrschte, war es ungemütlich. Der morgendliche Aufbruch dauerte trotz besten Willens stets eine Ewigkeit, denn der Entschluß, in die Kälte hinauszugehen, wurde im Unterbewußtsein möglichst lange hinausgeschoben. Alle Augenblicke mußte man von den Außenarbeiten des Zurrens und Anschirrens ins Zelt flüchten. Und war es dann soweit, so ließen sich trotz aller Mühe die Hunde kaum gegen den herrschenden Ostwind in Gang bringen. Wegener war bewundernswert in der Energie, mit der er morgens als erster aufstand, in der Geschicklichkeit, mit der er, obwohl er viel mit bloßen Händen arbeitete, Erfrierungen zu vermeiden wußte. Auch Rasmus hielt sich unter diesen schwierigen Umständen hervorragend. Es wäre für uns ganz unmöglich gewesen, die Hunde, ohne daß er vorausfuhr, gegen Wind und Kälte vorwärtszubringen. Er wußte die seinen immer noch in Gang zu halten. Dabei hatte er nun fast die ganze Nutzlast auf seinem Schlitten.

26. Oktober: Kilometer 348.

27. Oktober: Kilometer 360.

Am Abend bemerkte Loewe beunruhigt, daß er an beiden Füßen in seinen Zehen keine Empfindungen mehr hatte. Sofort begann Wegener, sie zu massieren – stundenlang. Auch an den folgenden Tagen, morgens und abends. Doch es war zu spät. Sie schafften es nicht, das Blut wieder zirkulieren zu lassen. Am 28. Oktober wurde die letzte halbe Portion Hundefutter verbraucht – bei Kilometer 376, fast 3000 Meter über dem Meer. Dann, am folgenden Tag, das Ziel kurz vor Augen, mußten sie bei Kilometer 391 liegenbleiben. Sie hatten in der Dunkelheit die Fahnen verloren, die ihnen bislang den Weg markiert hatten.
Loewe dazu: *Wir hatten bei km 390 unsere ganze Nutzlast zurückgelassen. Am Morgen des 30. Oktober hatten wir nicht einmal Petroleum. Wir erwärmten den letzten Proviantrest, ein wenig Blutpudding, über Hartspiritus. Dann legten wir bei –52 Grad im Nebel die letzten Kilometer zurück. Rasmus voran, dann Wegener und schließlich ich. So trafen wir am 30. Oktober, 11 Uhr vormittags, bei Station «Eismitte» ein.*
Georgi und Sorge waren indessen nicht wie geplant am 20. Oktober aufgebrochen. Das umfangreiche meteorologische und graziologische Programm lief inzwischen sehr routiniert, und sie hatten sich in ihrer Firnhöhle mittlerweile häuslich eingerichtet. Nun gruben sie weitere Gänge und Räume aus und richteten alles für eine Überwinterung ein. Dazu hatten sie sich am 27. Oktober endgültig entschlossen – nach langen Überlegungen und wegen der überragenden wissenschaftlichen Bedeutung, die diese zentrale Firnstation in Wegeners Expeditionsplan besaß.
Am 30. Oktober lagen beide Wissenschaftler noch im Schlafsack, um Körperwärme zu sparen, als sie Hundeschlitten über sich rauschen hörten. Sie sprangen auf und liefen die Eistreppe hinauf, ins Freie. Da erkannten sie, in Pelz und Eis gehüllt, Rasmus Villumsen. Rasch führten sie ihn ins Haus und befreiten ihn von der schweren, starren Kleidung. Dann erschienen auch Wegener und Loewe.

Abb. 22: Station «Eismitte» – die oberirdischen Bauten. Von links: Sonnenstrahlungsmesser; der Beobachtungsturm, anschließend die Schneemauer zum Schutz des Eingangs der unterirdischen Wohnhöhle vor Schneeverwehungen; Wetterhütte, Windmesser, Sonnenstrahlungsschreiber, Drachen- und Ballonwinde.

Abb. 23: Aufriß der Station «Eismitte». F = Ballonfüllraum; L = Lüftungsrohr; S = Schacht; T = Theodolit; V = Vorratsraum; W = Wohnraum mit Schlafpritschen.

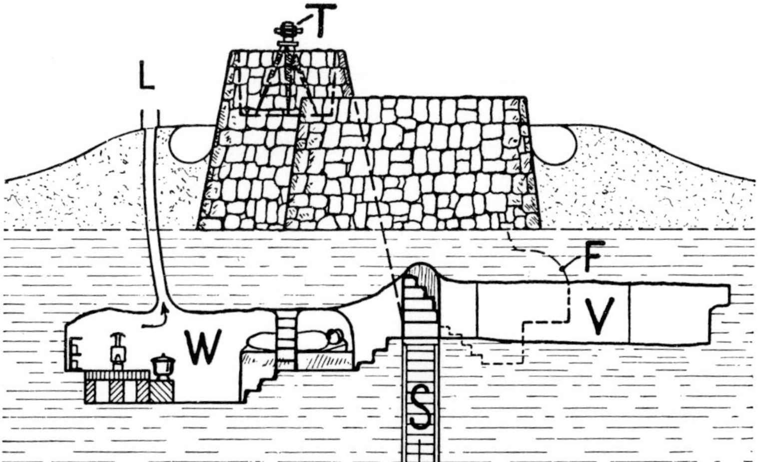

Der Expeditionsleiter war in prächtiger Verfassung, ganz ausgelassen und stolz auf den Erfolg dieser Schlittenreise – tagelang mit unter 50 Grad minus gegen den Eiswind. Das hatte es in der bisherigen Polargeschichte wohl noch nicht gegeben. Nur eine kleine Frostbeule am Finger hatte er davongetragen.

«Ist das hier gemütlich! – Ist das hier gemütlich!!!» rief er immer wieder – bei einer Temperatur von 5 Grad minus ... Im Vergleich zu den bislang ausgestandenen Temperaturen erschien es ihnen gleichsam warm.

Und Wegener fühlte sich keineswegs erschöpft, sondern frisch wie nach einem Spaziergang. 40 Tage hatten sie insgesamt in der Schneehölle hinter sich gebracht, aber seine Energie hatte darunter nicht gelitten, sondern war nun im Gegenteil erst richtig entfacht. Daß sie das geschafft hatten! Jetzt hielt er gar nichts mehr für unmöglich.

Auch Rasmus war in guter Verfassung. Nur Loewe litt unter seinen Erfrierungen. Sie zogen ihn rasch aus und legten ihn, von Sorge und Georgi abwechselnd massiert, in einen trockenen, warmen Schlafsack, den er dann ein halbes Jahr lang nicht mehr verließ.

Wegener freute sich außerordentlich, als er hörte, daß Georgi und Sorge sich dazu entschlossen hatten, in «Eismitte» zu überwintern. Den Ausfall dieser Station hätte er nur schwer verschmerzt. Und dann erzählten sie, erzählten stundenlang. Und stundenlang notierte Wegener Eintragungen in sein Tagebuch; genau mußten ihm die beiden Wissenschaftler von ihren Messungen berichten. Jede Einzelheit schrieb er sorgfältig auf. Und zwischendurch aßen sie und tranken eine Tasse Kaffee nach der anderen.

Neue Pläne wurden bald beraten. Wegener erweiterte das bisherige Expeditionsprogramm um eine zweite Durchquerung Grönlands zur Oststation hinüber und schrieb eine Liste für die notwendige Ausrüstung. Das alles könnte im nächsten Jahr geschickt werden.

Abb. 24: Weihnachten 1930 in «Eismitte».

Abb. 25: Georgi mit Maske zum Schutz der Augen bei der Wetterbeochtung im Schneesturm der Polarnacht. Zwei Lampen, Pinsel zum Reinigen der verschneiten Instrumente.

Doch was sollte nun mit Loewe geschehen? Sorge berichtet: *Wegener hielt es für das richtigste, wenn Loewe bei uns in «Eismitte» blieb. Hier konnte er in Ruhe gepflegt werden – so wenig Hilfsmittel wir auch hatten –, während die Rückreise für ihn wahrscheinlich den Tod bedeuten würde. Der Proviant von «Eismitte» langte bei sparsamem Verbrauch für drei Mann. Ja, Wegener und Rasmus konnten für die Rückreise noch 135 Kilogramm Lebensmittel und eine Kanne Petroleum mitbekommen.*
Zwei Nächte verbrachten die fünf Männer etwas eng, dafür aber warm in der Firnhöhle. Am 1. November feierten sie Wegeners 50. Geburtstag. Es war ein improvisiertes, aber um so herzlicheres Fest. Und noch am selben Tag begaben sich Wegener und Rasmus Villumsen zuversichtlich auf die Rückreise, mit zwei Schlitten und 17 Hunden. Es war etwas wärmer geworden, etwa 30 Grad minus. Leichter Südsüdostwind blies, der Himmel war halb bedeckt. Also ideales Reisewetter! Die Hunde waren zwar von der Kälte erschöpft, doch die Schlitten waren nun leicht zu ziehen. Jetzt hatten sie ja den Wind im Rücken.
Die beiden Männer erreichten nie ihr Ziel.
Da man das Funkgerät nicht mitgeliefert hatte, erfuhren die Bewohner von «Eismitte» bis zum nächsten Jahr nichts über das Schicksal der Expedition.
Weiken, Kraus und zwei Grönländer zogen zum vereinbarten Zeitpunkt nach Kilometer 62, schoben ein Depot noch weiter vor bis Kilometer 80 und warteten. Einen Tag. Noch einen weiteren. Als eine Woche nach dem von Wegener angegebenen letzten Termin sich noch immer nichts am Horizont zeigte, kehrten sie zurück. In der Weststation nahm man jetzt an, Wegener würde in «Eismitte» überwintern; dort jedoch ging man davon aus, daß die Rückreise geglückt sei. Doch Unruhe und Sorgen blieben; ganz sicher konnte man ja nicht sein.
Loewes Schicksal in «Eismitte» war zu diesem Zeitpunkt nicht beneidenswert. Seine Zehen waren, das stand bald fest, nicht mehr zu retten. Georgi überwand sich schließlich, mutig das

Entsetzliche, aber Notwendige zu tun: Amputieren! Sorge leuchtete mit der Taschenlampe und hielt Loewes Bein mit seinem Körpergewicht fest. Betäubungsmittel besaßen sie nicht. Georgi schrieb darüber in seinem Tagebuch:

Wir besahen den Fuß, der Anblick war erschreckend genug, und es war uns klar, daß nur Entfernung aller Zehen und des kranken Fleisches Loewe vor Schlimmerem bewahren könnte, denn schon waren allerlei Anzeichen einer beginnenden Blutvergiftung vorhanden. So wurde die Operation für heute vormittag 11 Uhr verabredet, nachdem ich meine Registrierstreifen gewechselt haben würde. Ich schliff schon gestern ein Messer so dünn und fein wie möglich, Sorge suchte unseren jämmerlichen Bestand an Watte und Verbandsstoff zusammen, ich in allen meinen Kisten einen Rest Chinosol, da wir sonst außer einem Jodstift nichts Desinfizierendes besaßen, leider außer ein paar Tabletten Veramon auch nichts Schmerzstillendes, keine Injektionsspritze, keinen Alkohol, es ist wirklich ein jammervoller Zustand.

Die letzte Nacht war für mich, wie begreiflicherweise für Loewe auch schlaflos; die schwerste, an die ich mich erinnere. Immer wieder befühlte ich meine Füße und prägte mir ein, wo und wieweit ich schneiden müsse, um die Zehen glatt im Gelenk zu entfernen. Und welche Anstrengung uns der heutige Tag gekostet hat, davon will ich schweigen. Wir versuchten den Fuß durch Auflegen von fein zerstoßenem Firn von –6° etwas empfindungslos zu machen, aber schon der erste Schnitt bereitete dem armen Loewe furchtbare Qualen. Ich will die Einzelheiten beiseite lassen: nach einer Stunde vereinter Anstrengung unser drei – Sorge hielt Loewes Fuß, leuchtete und reichte mir zu –, wobei Loewe sich geradezu heldenhaft verhielt, waren alle fünf Zehen amputiert und die fürchterliche Wunde durch einen Verband verschlossen. Loewe hat doch eine unglaubliche Selbstbeherrschung und Willenskraft. Hoffentlich habe ich überall genug geschnitten, damit wenigstens der Fuß erhalten bleibt.

Schrecklich ist das Ganze. Loewe hatte so viele Reisepläne, die auch sein ganzes Leben gestaltet haben würden. Er muß auf vieles nun verzichten. Und wir anderen sitzen hier in Hoffnung und Befürchtung hinsichtlich der weiteren Entwicklung wie auf einem Vulkan. 7 Monate sind wir abgeschnitten. Was sich in dieser Zeit ereignet, und sei es das Schlimmste, müssen wir ganz allein und ohne ärztliche Hilfe tragen.

Am 15. November mußten auch die Zehen des linken Fußes «operiert» werden. Georgi litt unsäglich unter dem Gefühl der Ungewißheit und absoluten Hilflosigkeit, der sie allesamt ausgesetzt waren. War das, was sie hier taten, unter den herrschenden primitiven Umständen überhaupt zu verantworten? Aber sie hatten ja keine Wahl. Und Loewes unnachahmlicher Galgenhumor, sogar wenn er schimpfte, machte alles erträglicher. Sie hatten Glück. Die Wunden verheilten zwar nicht ganz, besserten sich aber mit der Zeit zusehends.

Das neue Jahr kam. Mit Frühling, Wärme, neuer Hoffnung …

Am 7. Mai 1931 trafen die beiden inzwischen wieder hergerichteten Propellerschlitten und eine von Weiken geführte Hundeschlittenreise fast gleichzeitig in «Eismitte» ein. Die Hundeschlittengruppe hatte bei Kilometer 189,5 die beiden Skier Wegeners gefunden, etwa drei Meter voneinander entfernt in den Schnee gesteckt, in der Mitte der zersplitterte Skistock. Einen Meter tief hatten sie gegraben – nichts. Also waren sie weitergefahren. Wenige Stunden vor den Propellerschlitten trafen sie in «Eismitte» ein.

Weiken lief zum Eingang der Station. Georgi stürzte ihm entgegen. Beide riefen wie aus einem Munde: *«Wo ist Wegener?»*

Dann schwiegen sie erschüttert und senkten den Blick. Nur der Wind strich sanft über den harten Firn und übertönte die gewaltige Stille.

Jetzt gab es keine Hoffnung mehr. Wegener mußte umgekommen sein, und mit ihm sein Begleiter Rasmus Villumsen. Erbarmungslose Kälte, fast 65 Grad minus, hatte den beiden

Abb. 26: Das letzte Foto: Alfred Wegener und Rasmus Villumsen am 1.11.1930.

zugesetzt; nur wenige dämmerige Stunden zeigte der Tag damals; ungeheuer starke Schneestürme fegten zudem in jener Woche über das Eis. Und dennoch hatten sich beide Männer mehr als 210 Kilometer weit vorangekämpft. Eine gewaltige Strecke, aber nicht weit genug.

Nach zwei Tagen Rast kehrten die Motorschlitten zur Weststation zurück. In einem wurde Loewe untergebracht. Schon 24 Stunden später kamen sie dort an.

Die Hundeschlittengruppe brauchte länger, fast eine Woche. Weiken, Sorge und fünf Grönländer – darunter Karl Villumsen, ein Vetter von Rasmus – erreichten am 12. Mai den Kilometer 189,5, wo Wegeners Skier standen.

Diesmal gruben sie tiefer. Tief erschüttert fanden sie ihn. Sein Tod mußte am 15. oder 16. November 1930 erfolgt sein.

Bald erschienen Rentierhaare im Schnee, dann ein Rentierfell und Wegeners Pelz, der über einen Schlafsackbezug gedeckt war. In zwei Schlafsackbezüge eingenäht, wurde Wegener gefunden. Er lag auf einem Schlafsack und einem Rentierfell, dreiviertel Meter unter der Schneeoberfläche vom November 1930. Wegeners Augen waren offen, der Gesichtsausdruck entspannt, ruhig, fast lächelnd. Das etwas blasse Gesicht sah jugendlicher aus als früher. Nase und Hände zeigten kleine Frostwunden, wie sie auf solchen Reisen üblich sind.

Wegener war völlig angekleidet, hatte Überzugskamikker an den Füßen, trug Hundefellhose, darunter eine blaue Tuchhose, am Oberkörper Hemd, blaues Skihemd, blaue Weste, seine Wolljacke, einen «Isländer» (grobe, dicke Wolljacke), eine Windjacke aus Wolle, Kopfschützer, Mütze, Pulswärmer. Der ganze Anzug war tadellos in Ordnung und von Treibschnee frei; besonders waren die Pelzstiefel dick und weich ausgestopft und nicht vereist. Wegener lag nicht im Schlafsack.

Die Untersuchung der Taschen ergab, daß ihnen nichts entnommen war. Es fehlten aber die Pfeife, der Tabak und das Tagebuch, ferner sein kleiner Zeugsack und seine Pelzhandschuhe.

Abb. 27: Alfred Wegeners Grab.

Alle diese Tatsachen, die Sorge und Weiken bei der genauen Untersuchung feststellten, deuten darauf hin, daß Wegener nicht auf dem Marsche, sondern im Zelt liegend gestorben ist, und zwar nicht durch Erfrieren, sondern wahrscheinlich nach körperlicher Überanstrengung durch Herzschwäche. Es ist wahrscheinlich, daß der Versuch, auf der welligen Oberfläche im November 1930, zumal bei Dämmerlicht, dem Hundeschlitten zu folgen, zu dieser Überanstrengung geführt hat.

Der Körper wurde von den Grönländern sorgfältig wieder eingenäht und genau wie vorher in den Firn gebettet. Darüber wurde aus großen, festen Firnquadern eine Gruft errichtet und mit einem Nansenschlitten abgedeckt. Ein Grönländer steckte auf das fertige Grab ein kleines Kreuz, hergestellt aus Wegeners zersplittertem Skistock. An jedem Ski wurde eine schwarze Flagge befestigt.

Rasmus muß bei Wegeners Tod noch frisch und in guter Verfassung gewesen sein. Rührend ist die Sorgfalt, mit der er Wegener bestattet, bewundernswert die Umsicht, mit der er das Grab angelegt und bezeichnet hat. Offenbar hat er Wegeners Zeugsack, der auch das Tagebuch der letzten Reise enthielt, auf der Weiterfahrt mitgenommen, um ihn zur Weststation zu bringen; ebenso dürfte er Wegeners Handschuhe, die besser waren als die seinen, an sich genommen haben.

Auf der Weiterreise nach Westen wurden noch zwei Zeltplätze von Rasmus gefunden. In einer kleinen, aber auffallenden Schneewehe nördlich von km 171 fanden sich Rentierhaare, Pemmikanreste und anderes. Bei km 170 scheint Rasmus mehrere Tage gelegen zu haben. Hier lagen Reste verschiedener Mahlzeiten und unter anderem ein Beil, das Wegener und Rasmus von «Eismitte» mitgenommen hatten.

Dann verloren sich die Spuren. Rasmus' Leiche wurde nie gefunden. Mit ihm ging Wegeners letztes Tagebuch verloren.

Anfang Juli 1931 erreichte Kurt Wegener, den man zum Nachfolger seines Bruders bestimmt hatte, die Expedition. Er brachte die Nachricht mit, daß nach Wegeners letztem Willen und mit dem Einverständnis seiner Frau sein Bruder Alfred dort bleiben sollte, wo er gestorben war – im Ewigen Eis.

Seine Expedition wurde erfolgreich zu Ende geführt. Vor der Heimfahrt, Mitte August, errichteten die Männer noch aus Bohrgestänge ein mehr als sechs Meter hohes Kreuz über seinem Grab. Anfang September setzte eine zweite Gruppe ein weiteres, zehn Meter hohes Zeichen.

Jedes Jahr fiel seither neuer Schnee auf Wegeners Grab. Bald schon war es gänzlich zugedeckt. Und immer tiefer würde es absinken in das Eis Grönlands, das er so sehr geliebt hatte, und dann – langsam, in tausenden von Jahren – allmählich nach Westen driften, so wie seine Kontinente, deren Wandern er seinerzeit entdeckt hatte.

Zeittafel

1880	Alfred Wegener wird am 1. November in Berlin geboren
1899-1904	Studium der Naturwissenschaften, besonders der Astronomie und Meteorologie, in Heidelberg, Innsbruck und Berlin
1905	Promotion in Berlin (Dr. phil.)
1905-1906	Assistent am Aeronautischen Observatorium in Lindenberg
1906	5.-7. April: Dauerweltrekord im Freiballonflug
1906-1908	Teilnahme an der dänischen Grönland-Expedition von L. Mylius-Erichsen (Danmark-Expedition)
1909	Habilitation für Meteorologie, Astronomie und kosmische Physik an der Universität Marburg
1909-1919	Privatdozent in Marburg; zwischenzeitlich Titularprofessor
1910	Dezember: erste Gedanken zur Kontinentalverschiebung
1911	«Thermodynamik der Atmosphäre» erscheint; 28. Mai: Verlobung mit Else Köppen
1912	6. Januar: erster Vortrag über die Kontinentalverschiebungstheorie in Frankfurt, am 10. Januar in Marburg
1912-1913	Teilnahme an der dänischen Grönland-Expedition von J.P. Koch (Durchquerungsexpedition)
1913	16. November: Heirat mit Else Köppen

1914-1918	Teilnahme am Ersten Weltkrieg
1915	«Die Entstehung der Kontinente und Ozeane» erscheint in erster Auflage (weitere Auflagen 1920, 1922 und 1929)
1919-1924	Abteilungsleiter bei der Deutschen Seewarte Hamburg und außerordentlicher Professor mit Vorlesungen an der Universität Hamburg
1924	«Die Klimate der geologischen Vorzeit» (zusammen mit W. Köppen) erscheint
1924-1930	Ordentlicher Professor für Meteorologie und Geophysik an der Universität Graz; Annahme der österreichischen Staatsbürgerschaft
1926	Symposium in New York («Theory of continental drift»)
1929	Vorexpedition nach Westgrönland
1930-1931	Deutsche Grönland-Expedition von Alfred Wegener (Hauptexpedition)
1930	Mitte November: Tod auf dem grönländischen Inlandeis
1931	12. Mai: Auffinden von Wegeners Grab

Literatur

Ampferer, Otto: Über Kontinentalverschiebungen. In: Die Naturwissenschaften, 13. Jg., Heft 31, 1925, S. 669-675

Benndorf, Hans: Alfred Wegener. In: Gerlands Beiträge zur Geophysik, 31, 1931, S. 337-377

Cloos, Hans: Gespräch mit der Erde. Welt- und Lebensfahrt eines Geologen. Piper Verlag, München 1947

Flügel, Helmut W.: Zu Alfred Wegeners Leben und Wirken in Graz 1924-1930. In: Archiv der Universität Graz, 1980

Friis, Achton: Im Grönlandeis mit Mylius-Erichsen. Die Danmark-Expedition 1906-1908. Otto Spamer Verlag, Leipzig 1910

Georgi, Johannes: Im Eis vergraben. Erlebnisse auf Station «Eismitte» der letzten Grönland-Expedition Alfred Wegeners 1930-1931. F.A. Brockhaus Verlag, Leipzig 1955

Herdemerten, Kurt: Die weiße Wüste. Mit Alfred Wegener in Grönland. E. Brockhaus Verlag, 3. Aufl. Wiesbaden 1955

Jacobshagen, Volker (Hrsg.): Alfred Wegener 1880-1930. Leben und Werk. Ausstellung anläßlich der 100. Wiederkehr seines Geburtsjahres. Dietrich Reimer Verlag, Berlin 1980

Köppen, Wladimir: Alfred Wegener. In: Petermanns Geographische Mitteilungen, Heft 7/8, 1931, S. 169-171

Körber, Hans Günther: Alfred Wegener. B.G. Teubner Verlagsgesellschaft, Leipzig 1982

Schwarzbach, Martin: Alfred Wegener und die Drift der Kontinente. Wissenschaftliche Verlagsgesellschaft, Stuttgart 1990

Theory of Continental Drift – A Symposium. Hrsg. von: The American Association of Petroleum Geologists. Tulsa, Oklahoma, USA 1928

Wegener, Alfred: Die Entstehung der Kontinente. In: Petermanns Geographische Mitteilungen. April 1912 (S. 185-195), Mai 1912 (S. 253-256) und Juni 1912 (S. 305-309)

Wegener, Alfred: Die Entstehung der Kontinente und Ozeane. Vieweg Verlag, 1. Aufl., Braunschweig 1915 (Sammlung Wissenschaft 23)

Wegener, Alfred: Die Entstehung der Kontinente und Ozeane. Vieweg Verlag, 4. Aufl., Braunschweig 1929 (Sammlung Wissenschaft 66)

Wegener, Else: Alfred Wegener. Tagebücher, Briefe, Erinnerungen. F.A. Brockhaus Verlag, Wiesbaden 1960

Wegener, Else / Loewe, Fritz (Hrsg.): Alfred Wegeners letzte Grönlandfahrt. Die Erlebnisse der deutschen Grönlandexpedition 1930/31, geschildert von seinen Reisegefährten und nach Tagebüchern des Forschers. F. A. Brockhaus Verlag, Leipzig 1943 (1932)

Wutzke, Ulrich: Der Forscher von der Friedrichsgracht. In: Beiträge zur Geschichte der Astronomie in Berlin. Vorträge und Schriften Nr. 69, Berlin-Treptow 1988, S. 39-78.

Wutzke, Ulrich: Der Forscher von der Friedrichsgracht. Leben und Leistung Alfred Wegeners. F. A. Brockhaus Verlag, Leipzig 1988

Bildnachweis

Abb. 1, 2, 4, 7, 8, 12: Familie Wegener
Abb. 3: Landesbildstelle Berlin
Abb. 5, 13, 14, 15, 17, 26, 27: Wegener Archiv, Alfred Wegener Institut
Abb. 6: M. Schwarzbach
Abb. 9, 10, 11, 19, 20, 24: Else Wegener
Abb. 16, 18, 21, 22, 23, 25: Johannes Georgi

HELEN E. WAITE

Öffne mir das Tor zur Welt!

Das Leben der Helen Keller und ihrer Lehrerin Anne Sullivan.
Aus dem Englischen von Sabine Gabert.
2. Auflage 1988. 224 Seiten, gebunden

«Ein jähzorniges, taubblindes fünfjähriges Kind zu menschenwürdigem, ja fröhlichem Dasein zu führen, ist sicher einer der größten pädagogischen Erfolge. Fasziniert verfolgt der Leser den Lebensweg des gescheiten behinderten Mädchens und seiner ebenso begabten und phantasiereichen Lehrerin.»

Das neue Jugendbuch

HEINZ MARKSTEIN

Der sanfte Konquistador

Die Geschichte des Thaddäus Xaverius Peregrinus Haenke.
294 Seiten, gebunden

«Er nahm Vogelstimmen und Indianermusik auf, als es noch kein Tonband gab. Er entwickelte ein Verfahren zur Verwertung des Chile-Salpeters und setzte sich für ausgebeutete Indios ein. Er gilt neben Humboldt als der bedeutendste deutsche Südamerikaforscher: Thaddäus Haenke. Trotzdem blieb er unbekannt. Zu viel Mysteriöses liegt über seinem Leben, nicht minder über seinem Sterben im Jahr 1817. Jetzt hat Heinz Markstein in spannender Erzählform eine Biographie des großen Geheimnisvollen geschrieben.»

Die Welt

HERTA SCHLEGTENDAL

Außenseiter

Berichte von anderen Lebenswegen
5. Auflage 1990. 179 Seiten, kartoniert

Verlag Freies Geistesleben